AUSTRILIA SENIOR SCHOOL MATHEMATICAL COMPETITION QUESTIONS AND ANSWERS, HIGH VOLUME, 1985-1991

澳大利亚中学数学竞赛试题及解答

高级卷 1985-1991

● 刘培杰数学工作室 编

哈爾濱工業大學出版社
HARBIN INSTITUTE OF TECHNOLOGY PRESS

内容简介

本书收录了1985年至1991年澳大利亚中学数学竞赛高级卷的全部试题，并且给出了这些试题的详细解答，其中有些题目还给出了多种解法，以便读者加深对问题的理解并拓宽思路.

本书适合中学师生及数学爱好者参考阅读。

图书在版编目(CIP)数据

澳大利亚中学数学竞赛试题及解答.高级卷.1985－1991/刘培杰数学工作室编.—哈尔滨:哈尔滨工业大学出版社,2019.5

ISBN 978－7－5603－7968－5

Ⅰ.①澳… Ⅱ.①刘… Ⅲ.①中学数学课－题解 Ⅳ.①G.634.605

中国版本图书馆CIP数据核字(2019)第015132号

策划编辑　刘培杰　张永芹
责任编辑　张永芹　邵长玲
封面设计　孙茵艾
出版发行　哈尔滨工业大学出版社
社　　址　哈尔滨市南岗区复华四道街10号　邮编150006
传　　真　0451－86414749
网　　址　http://hitpress.hit.edu.cn
印　　刷　哈尔滨市石桥印务有限公司
开　　本　787mm×960mm　1/16　印张11.25　字数120千字
版　　次　2019年5月第1版　2019年5月第1次印刷
书　　号　ISBN 978－7－5603－7968－5
定　　价　28.00元

◎目录

第1章　1985年试题

1. $3\frac{6}{7}+2\frac{1}{5}$ 等于(　　).

A. $5\frac{7}{12}$　　B. $6\frac{2}{35}$　　C. $6\frac{6}{35}$

D. $1\frac{23}{35}$　　E. $7\frac{1}{35}$

解　$3\frac{6}{7}+2\frac{1}{5}=5+\frac{6}{7}+\frac{1}{5}=5+\frac{1}{35}(30+7)=6\frac{2}{35}$.　　(B)

2. $7(x-y)-2(3x-4y)$ 等于(　　).

A. $x-15y$　　B. $x+y$　　C. $x-3y$

D. $x-5y$　　E. $x+7y$

解　$7(x-y)-2(3x-4y)=7x-7y-6x+8y=x+y$.　　(B)

3. 0.000 4的平方根是(　　).

A. 0.000 2　　B. 0.2　　C. 0.02

D. 0.16　　E. 0.001 6

解　$(0.02)^2=0.000\ 4$.　　(C)

4. 等式 $\frac{2}{15}=\frac{1}{8}+\frac{1}{x}$ 中 x 的值为(　　).

A. $\frac{15}{8}$　　B. $\frac{1}{7}$　　C. 7

D. $\frac{120}{31}$　　　　E. 120

解　$\frac{2}{15}=\frac{1}{8}+\frac{1}{x}$,因此,$\frac{1}{x}=\frac{2}{15}-\frac{1}{8}=\frac{16-15}{120}=\frac{1}{120}$,即 $x=120$.　　　　(E)

5. 一堆纸由 1 000 000 张厚度为 0.25 mm 的纸叠成,这堆纸的高度为(　　).

A. 0.25 m　　　　B. 2.5 m　　　　C. 25 m

D. 250 m　　　　E. 2 500 m

解　总的高度 $=(1\ 000\ 000\times 0.25)\text{mm}=(1\ 000\times 0.25)\text{ m}=250\text{ m}$.　　　　(D)

6. 设 $\frac{x}{y}=\frac{y+\frac{8}{5}}{x+\frac{24}{5}}=\frac{3}{5}$,则 y 等于(　　).

A. -16　　　　B. $\frac{4}{5}$　　　　C. 1

D. $\frac{6}{5}$　　　　E. 2

解　因为 $\frac{x}{y}=\frac{3}{5}$,则 $x=\frac{3y}{5}$,于是 $\frac{y+\frac{8}{5}}{\frac{3y}{5}+\frac{24}{5}}=\frac{3}{5}$,

即 $y+\frac{8}{5}=\frac{9y}{25}+\frac{72}{25}$,亦即 $\frac{16y}{25}=\frac{32}{25}$,故 $y=2$.

(E)

7. 点$(-1,6)$,$(0,0)$ 和$(3,1)$ 是一平行四边形的三个顶点,可能成为第四个顶点的位置有几个?

(　　).

A. 0　　　　B. 1　　　　C. 2

D. 3　　　　E. 4

解　如图1,设这3个点为P,Q和R. 可以看出这3个点不共线,故它们成为一个三角形的顶点. 该三角形的每条边可看成是一个平行四边形的对角线,由此导出各种可能的第四个顶点.

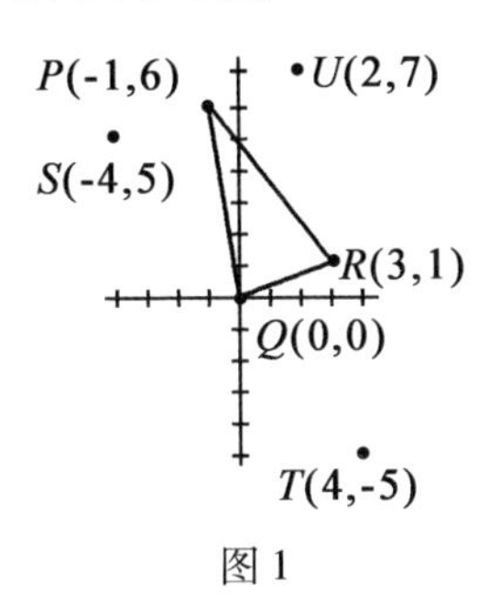

图1

PQ导出的第四个可能的顶点是$S(-4,5)$,QR导出的第四个可能的顶点是$T(4,-5)$而RP导出的第四个可能的顶点是$U(2,7)$,即有3个可能成为第四个顶点的位置.　　　　(　D　)

8. 乘积$5^{17}\times 4^{9}$中数字的位数是(　　).

A. 7位　　　　B. 10位　　　　C. 17位

D. 18位　　　　E. 26位

解　$5^{17}\times 4^{9}=5^{17}\times 2^{18}=(5\times 2)^{17}\times 2=2\times 10^{17}$,即2后面有17个0,是一个18位数.　　　　(　D　)

9. 如图2,有一张半径为5 cm的圆形的纸,剪去一个含有144°角的扇形,剩下的扇形做成一个正圆锥.

(半径为 r,垂直高度为 h 的圆锥的体积为$\frac{1}{3}\pi r^2 h$). 该圆锥的体积等于(　　).

A. $\frac{4}{3}\pi\sqrt{21}\ \text{cm}^3$　B. $4\pi\ \text{cm}^3$　C. $12\pi\ \text{cm}^3$

D. $15\pi\ \text{cm}^3$　E. $36\pi\ \text{cm}^3$

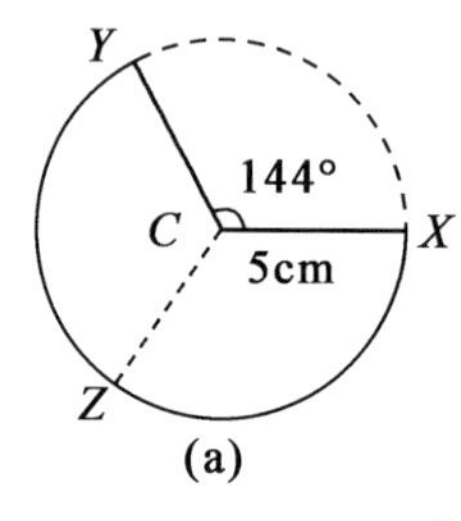

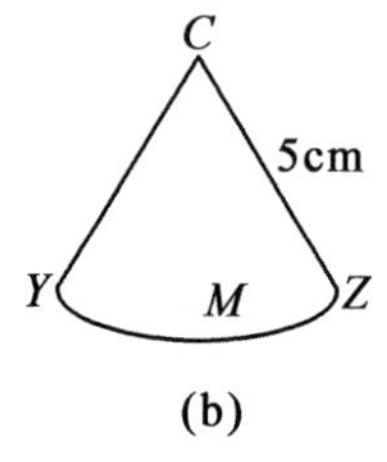

图 2

解　圆锥的底的周长 $= \left(\frac{216}{360} \times \text{原来的圆的周长}\right)$

$$= \left(\frac{216}{360} \times 10\pi\right)$$

$$= 6\pi\ (\text{cm})$$

所以

$$\text{圆锥的半径} = \frac{6\pi}{2\pi} = 3(\text{cm})$$

如图3,$\triangle CMX$ 是直角三角形($\angle M$ 是直角). 于是该圆锥的高为 $\sqrt{5^2 - 3^2}\text{cm} = 4(\text{cm})$. 因此,圆锥的体积等于$\frac{1}{3}\pi \times 3^2 \times 4$,或 $12\pi\ \text{cm}^3$.　　　　(　C　)

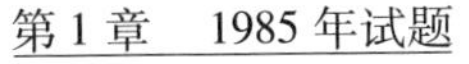

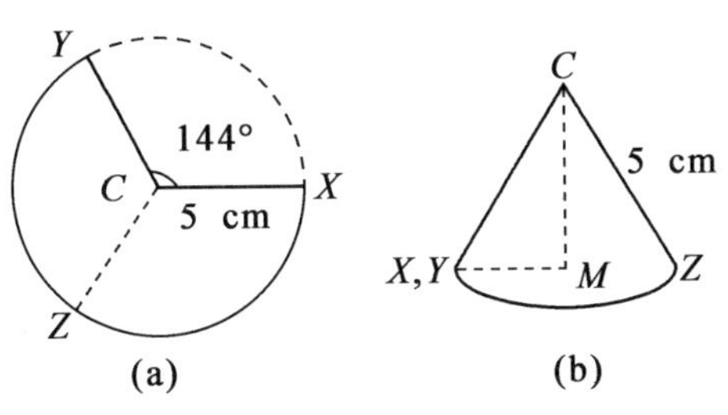

图3

10. 如果 $8^{2x}=16^{1-2x}$,则 x 等于(　　).

A. 4　　　　B. $\frac{1}{3}$　　　　C. $\frac{2}{7}$

D. $\frac{8}{7}$　　　　E. -2

解　我们注意到 $3\times 2x=4(1-2x)$,即 $6x=4-8x$,亦即 $14x=4$,所以 $x=\frac{2}{7}$.　　　　(C)

11. 若 $\sqrt[3]{p}=32,\sqrt[2]{q}=243$,则 $\sqrt[5]{pq}$ 等于(　　).

A. 72　　　　B. 108　　　　C. 6

D. $137\frac{1}{2}$　　　　E. $36\sqrt{6}$

解　$p^{\frac{1}{3}}=2^5$,故 $p=2^{15}$;$q^{\frac{1}{2}}=3^5$,故 $q=3^{10}$;因此有

$$\sqrt[5]{pq}=(2^{15}\times 3^{10})^{\frac{1}{5}}=2^3\times 3^2=72$$

(A)

12. 方程 $x^3-7x+6=0$ 有一个解 $x=1$. 另外两个解的和为(　　).

A. 5　　　　B. -1　　　　C. 6

D. -8　　　　E. -7

解法 1

```
          x²+x-6
     x-1 |x³         -7x+6
          x³-x²
          --------
               x²-7x
               x²-x
               --------
                   -6x+6
                   -6x+6
                   --------
```

因此

$$x^3-7x+6=(x-1)(x^2+x-6)=(x-1)(x-2)(x+3)$$

所以,另外两个根是 2 和 -3. 它们的和为 -1.

(B)

解法 2 如果将方程写为 $x^3+0x^2-7x+6=0$,将两个未知的解记为 α 和 β,则 $\alpha+\beta+1=0$,故 $\alpha+\beta=-1$.

13. 在半径等于 10 cm 的圆内有一弦心距为 6 cm 的弦. 若另有一条弦其长度是上述弦的一半,则该弦的弦心距将等于(   ).

A. $\sqrt{96}$ cm B. $\sqrt{84}$ cm C. 9 cm

D. 8 cm E. 3π cm

解 如图 4,令第一条弦的长度的一半等于 x cm. 由图可知 $\triangle OAB$ 是直角三角形,直角在 A 处;据毕达哥拉斯定理可推知 $x=8$. 第二条弦的弦心距是 $(6+y)$ cm. 利用图中的记号,$\triangle OCD$ 是直角三角形,直角在 C 处. 于是,根据毕达哥拉斯定理,我们有

$$10^2=(6+y)+\left(\frac{x}{2}\right)^2=(6+y)^2+16$$

所以

$$6+y=\pm\sqrt{100-16}=\pm\sqrt{84}$$

因为,距离必定是正的,故第二条弦的弦心距是 $\sqrt{84}$.

(B)

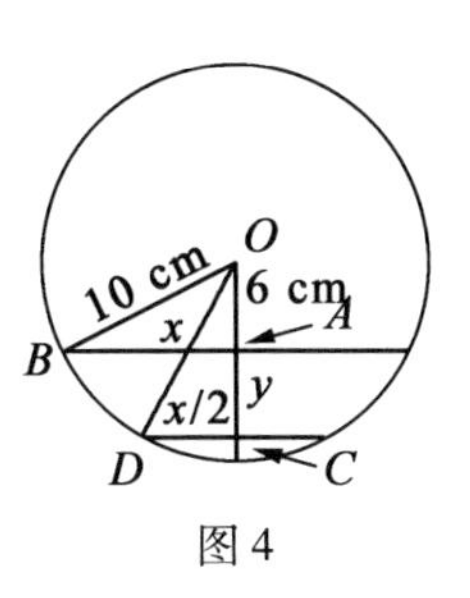

图 4

14. 在我住的街道,沿街房子的门牌号码是这样排定的:在街道一侧从 1 开始,依次用相继的奇数排定;另一侧则用偶数. 我的房子是 137 号,如果从这条街的另一端开始排号,我的房子则是 85 号. 我住的街道的这一侧有多少幢房子?(　　).

A. 112 幢　　B. 222 幢　　C. 111 幢

D. 220 幢　　E. 110 幢

解　在我住房的一侧有 $\frac{137-1}{2}=\frac{136}{2}=68$ 幢房子. 在我的住房的另一侧有 $\frac{85-1}{2}=\frac{84}{2}=42$ 幢房子. 所以在我们住的一侧街道上,包括我自己的房子在内共有 $68+1+42=111$ 幢房子. (C)

15. 设 $\sin x=k$ 和 $\frac{1}{2}\pi\leqslant x<\pi$,则 $\tan\left(\frac{1}{2}\pi+x\right)$ 等于(　　).

A. $-\frac{k}{\sqrt{1-k^2}}$　　B. $\frac{k}{\sqrt{1-k^2}}$　　C. $-\frac{\sqrt{1-k^2}}{k}$

D. $\dfrac{1}{\sqrt{1-k^2}}$　　E. $\dfrac{\sqrt{1-k^2}}{k}$

解　如图 5 所示,考虑半径为 1 的圆. 于是

$$\tan\left(\frac{1}{2}\pi + x\right) = \frac{-\sqrt{1-k^2}}{-k} = \frac{\sqrt{1-k^2}}{k}$$

(E)

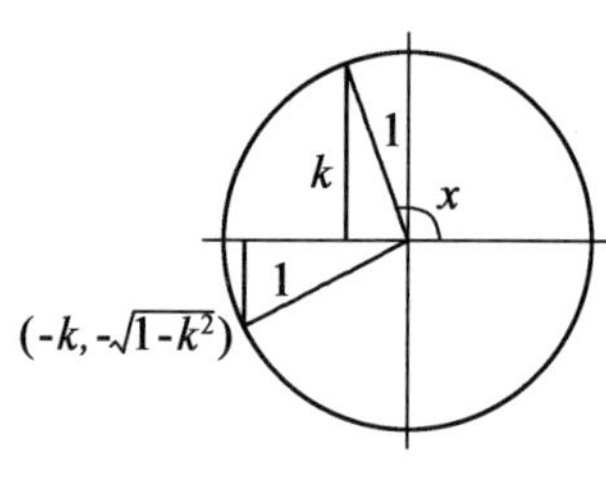

图 5

16. 如图 6 所示,该四边形的边长分别为 $x, x, 2x$ 和 $2x$ 个单位长,有两个内角是直角,长为 $2x$ 的两条边的夹角为 θ. 则 $\sin\theta$ 的值是(　　).

A. $\dfrac{1}{2}$　　B. $\dfrac{2}{3}$　　C. $\dfrac{\sqrt{3}}{2}$

D. $\dfrac{1}{\sqrt{5}}$　　E. $\dfrac{4}{5}$

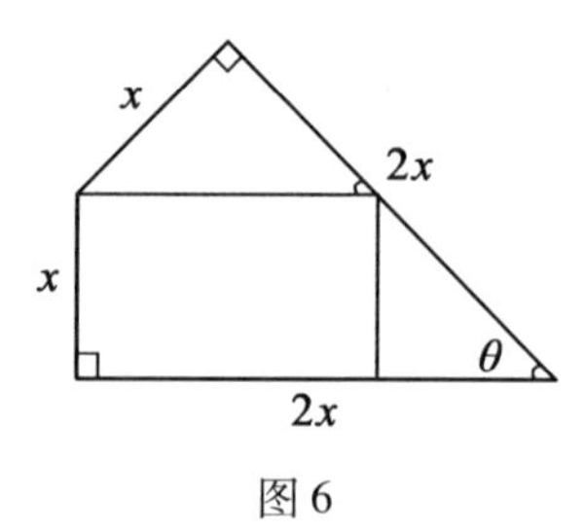

图 6

解法1　由于两个内角是直角,所以其外接圆的直径等于7(a)中虚线标出的对角线.四边形的面积等于2×图7(a)中一个三角形的面积,即$2\times(\frac{1}{2}$底×高),亦即$2\times(\frac{1}{2}\times 2x)=2x^2$.

但四边形的面积也等于图7(b)中两个三角形面积的和,即

$$2x^2=\underbrace{\frac{1}{2}(2x^2)\sin\theta}_{\text{右边三角形的面积}}+\underbrace{\frac{1}{2}x^2\sin(180^\circ-\theta)}_{\text{左边三角形的面积}}$$

由此可得

$$4x^2=4x^2\sin\theta+x^2\sin\theta$$

即$\sin\theta=\frac{4}{5}$.　　(　E　)

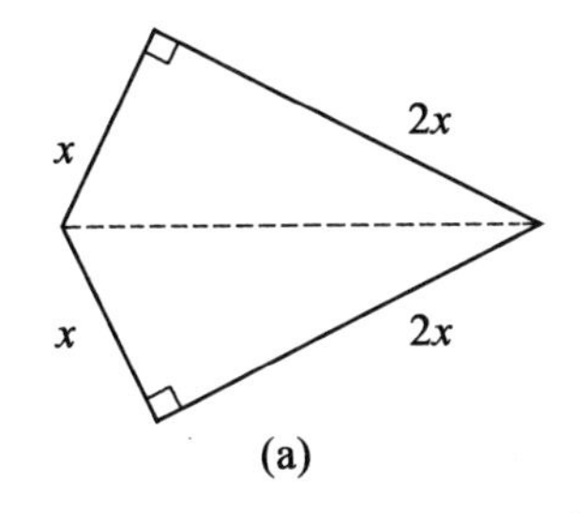

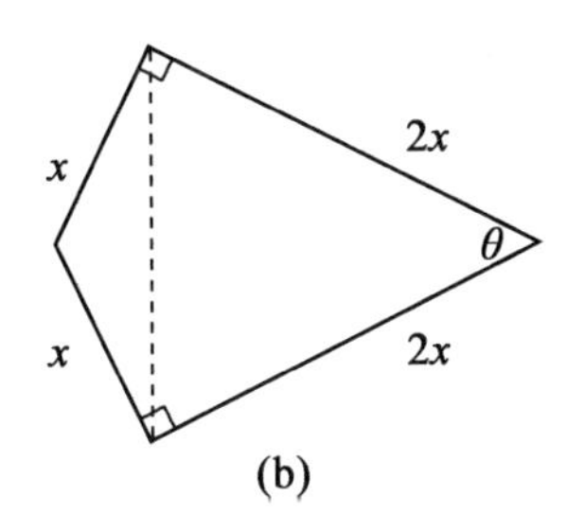

图7

解法2　注意,由图7(a)可知$\sin\frac{\theta}{2}=\frac{1}{\sqrt{5}}$和$\cos\frac{\theta}{2}=\frac{2}{\sqrt{5}}$,因此,$\sin\theta=2\sin\frac{\theta}{2}\cos\frac{\theta}{2}=\frac{4}{5}$.　　(　E　)

17. 巴德(Bud)夏天在农场找到了一份工作.他拿了4袋马铃薯去称重量,秤只能称100 kg以上的重量,

而巴德的4袋马铃薯都不到100 kg. 于是他两袋两袋地称,解决了这个问题. 他称出来的重量是103 kg, 105 kg,106 kg,106 kg,107 kg,109 kg. 那么,最轻的一袋马铃薯的重量是(　　).

A. 50 kg　　B. 51 kg　　C. 49 kg

D. 52 kg　　E. 48 kg

解　设这4袋马铃薯分别重为 x kg, y kg, z kg 和 w kg,并使得 $x < y \leqslant z \leqslant w$.

显然

$$x + y \leqslant x + z \leqslant x + w$$

并且

$$y + z \leqslant y + w \leqslant z + w$$

又因 $x + z < y + z$ 且 $x + w < y + w$,可将这六种组合按重量的非降的次序排列如下

$$x + y, x + z$$

$$x + w, y + z \text{（二者次序不定）}$$

$$y + w, z + w$$

因为中间两个重量相等都是106 kg. 我们就知道

$$x + y = 103, x + z = 105$$

$$x + w = 106, y + z = 106$$

$$y + w = 107, z + w = 109$$

这些方程有唯一解 $x = 51, y = 52, z = 54, w = 55$.

(B)

18. 如图8,在一个悬空的立方体的每个面上有一只蚂蚁. 每只蚂蚁都在自己的面上沿着四条边转圈爬行. 立方体的一条边被称为逆行边,是指两只蚂蚁沿着

它爬行时的方向是相反的. PQ 是逆行边, 而 PR 就不是. 逆行边至少有几条?(　　).

A. 2 条　　B. 3 条　　C. 4 条

D. 5 条　　E. 6 条

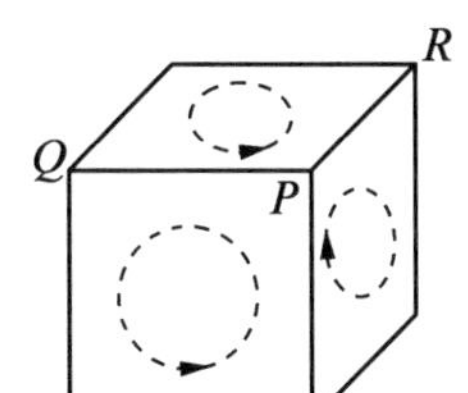

图 8

解　对(蚂蚁爬行的)各路线所形成的任一种格局,立方体的顶点可分为两种类型:

(1) 经该顶点有一条非逆行边:由图 9 可知,此时该顶点处必定正好有两条非逆行边.

(2) 经该顶点的三条边全是逆行边.

假定在某种格局下,有 r 个(2)型顶点,则该立方体的逆行边的数目为

$$\frac{1}{2}[3r+8-r]=4+r\geqslant 4$$

(式中需乘$\frac{1}{2}$是因为每条逆行边被算过两次)

显然,当 $r=0$ 时上式达到最小值,即每个顶点都是(1)型的. 这种格局是可能的. 例如,可以这样安排蚂蚁的爬行路线,使得从正方体内部看,上、下两面按顺时针方向爬,其他四个面按逆时针方向爬. (　C　)

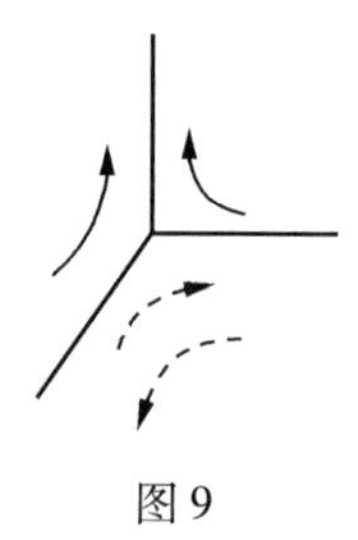

图 9

19. 彼得(Peter)和路易斯(Lois)搭乘袋熊(Wombat)航空公司的飞机从阿德莱德(Adelaide)飞往甘比尔山(Mount Gambier),但因为他们的行李超出了航空公司规定的重量,所以要求他们支付附加费.航空公司收费的方法是对超出规定的重量每千克收取相同的费用.彼得付了 60 元,路易斯付了 100 元.他们一共有 52 kg 的行李.如果彼得自己带着两人的全部行李走,他将必须付 340 元.每人最多可带的、不需付附加费的行李的重量是(　　).

A. 20 kg　　B. 15 kg　　C. 12 kg

D. 18 kg　　E. 30 kg

解　设每人可携带免费运送的行李 x kg. 设超出部分的行李每千克加收 y 元. 如果彼得和路易斯一同旅行,则有 $60+100=160=$ 全部费用 $=$ (免费行李的重量) $\times$ (免费行李单价) $+$ (超重行李的重量) $\times$ (每千克超重行李的附加费) $=2x\times 0+(52-2x)y$

类似地,如果彼得独自走,我们可得出

$$340=x\times 0+(52-x)y$$

因此

$$y=\frac{160}{52-2x}=\frac{340}{52-x}$$

于是

$$160(52-x)=340(52-2x)$$

即

$$160\times 52-160x=340\times 52-680x$$

$$x=\frac{(340-160)\times 52}{680-160}=\frac{180\times 52}{520}=18$$

（ D ）

20. 在一天中有几次时钟的两个指针形成直角？（　　）.

A. 46 次　　B. 22 次　　C. 24 次

D. 44 次　　E. 48 次

解　注意时钟的两个指针每次交会必经过了两次形成直角的状态，在半天中它们交会 11 次. 因此一天中它们形成直角的次数是 44 次.　　（ D ）

21. 在一矩形内选一点，使得它到矩形一个顶点的距离是 11 cm，到跟上述顶点相对的顶点的距离是 12 cm，到第三个顶点的距离是 3 cm，则它到第 4 个顶点的距离是（　　）.

A. 20 cm　　B. 16 cm　　C. 18 cm

D. 14 cm　　E. 13 cm

解　如图10，令该矩形为 $PQRS$，过矩形内一点作一条垂直线和一条水平线，它们交 PQ 于 T，交 QR 于 U，交 RS 于 V，并交 SP 于 W. 这个交点记作 O. 设 $PT=a$ cm，$TQ=b$ cm，$QU=c$ cm，且 $UR=d$ cm. 根据毕达哥拉斯定理，我们可知

$$a^2 + c^2 = 9 \quad (1)$$

$$a^2 + d^2 = 121 \quad (2)$$

$$b^2 + c^2 = 144 \quad (3)$$

$$b^2 + d^2 = x^2 \quad (4)$$

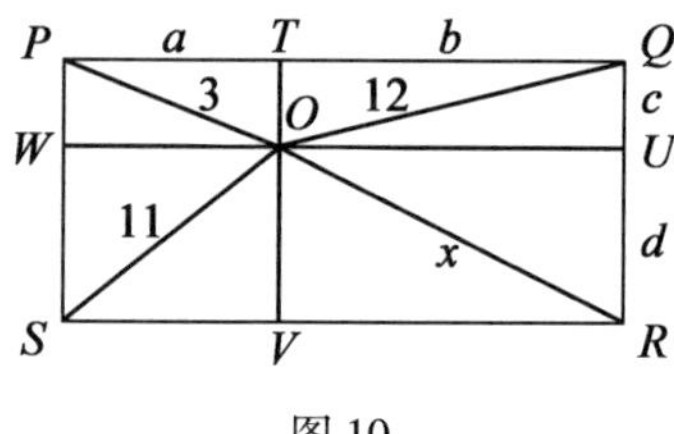

图 10

其中 x 是所求的数. 通过(4) - (3)

$$x^2 - 144 = d^2 - c^2$$

而由(2) - (1)

$$d^2 - c^2 = 121 - 9 = 112$$

因此

$$x^2 = 144 + (d^2 - c^2) = 144 + 112 = 256$$

由于 $x > 0$,我们知 $x = \sqrt{256} = 16$. (B)

22. 有几种方式能将75表示为 $n(n \geqslant 2)$ 个相继正整数之和?( ).

A. 0 个　　B. 1 个　　C. 3 个

D. 5 个　　E. 6 个

解　设满足条件的每列相继的数中的第一个数和最后一个数分别为 f 和 l. 那么

$$\begin{aligned} 75 &= (\text{数列中数的个数}) \times (\text{平均数}) \\ &= n\left(\frac{f+l}{2}\right) \end{aligned}$$

即

$$150 = n(f + l)$$

n, f, l都是整数,故n必除得尽$150 = 2 \times 3 \times 5^2$. 于是仅有的可能是$n = 2,3,5,6,10,15,\cdots$现在来列举各种可能的情形如表1:

表1

n	$f+l$	和
2	75	$75 = 37 + 38$
3	50	$75 = 24 + 25 + 26$
5	30	$75 = 13 + 14 + 15 + 16 + 17$
6	25	$75 = 10 + 11 + 12 + 13 + 14 + 15$
10	15	$75 = 3 + 4 + 5 + \cdots + 11 + 12$

对于$n = 15$或更大的值,数列中最小的值必定是负的,因为诸如$n = 15$时,其平均值(即中间的数)必须是5,这不符合条件. 所以只有5种可能的n值.

（　D　）

23. Ⅰ号混合液由柠檬汁、油和醋以1∶2∶3的比例配成,Ⅱ号混合液由同样三种液体以3∶4∶5的比例配成,将两种混合液倒在一起后,可以调成下面哪一种比例的混合液(　　).

A. 2∶5∶8　　B. 4∶5∶6　　C. 3∶5∶7

D. 5∶6∶7　　E. 7∶9∶11

解法1　设混合液Ⅰ和Ⅱ以比$x:y$混合,最后所得的混合液中柠檬汁∶油∶醋$= a:b:c$. 我们有

$$\frac{1}{6}x + \frac{3}{12}y = a, \frac{2}{6}x + \frac{4}{12}y = b, \frac{3}{6}x + \frac{5}{12}y = c$$

即

$$2x+3y=12a,4x+4y=12b,6x+5y=12c$$
$$2x+3y=12a,2y=24a-12b,4y=36a-12c$$
$$2x+3y=12a,y=12a-6b,0=12a-24b+12c$$
$$x=-12a+9b,y=12a-6b,0=a-2b+c$$

选项 A 不成立,因为它会使 $y<0$.

选项 B 不成立,因为它会使 $x<0$.

选项 C 满足 $a-2b+c=0$,得到 $x=9>0,y=6>0$.

选项 D 不成立,因为它会使 $x<0$.

选项 E 不成立,因为它会使 $x<0$. (C)

解法 2 注意混合液 Ⅰ 和 Ⅱ 中三种液体所占之比分别为 $\frac{2}{12}:\frac{4}{12}:\frac{6}{12}$ 和 $\frac{3}{12}:\frac{4}{12}:\frac{5}{12}$.

因此,在 Ⅰ 和 Ⅱ 任一种混合液中

$$\frac{2}{12}\leqslant 柠檬汁 \leqslant\frac{3}{12}$$

考虑各选项中柠檬汁的份额:

选项 A 中的份额 $=\frac{2}{15}<\frac{2}{12}$,因此不可能;

选项 B 中的份额 $=\frac{4}{15}>\frac{3}{12}$,因此不可能;

选项 D 中的份额 $=\frac{5}{18}>\frac{3}{12}$,因此不可能;

选项 E 中的份额 $=\frac{7}{27}>\frac{3}{12}$,因此不可能.

24. 9 个点如图 11 位于方格的顶点. 考虑由其中四个点组成的集合,它满足四点中没有三点是共线的,这样的四点集合有多少个?( ).

A. 126 个　　B. 48 个　　C. 63 个

D. 78 个　　E. 90 个

图 11

解　不同的子集的数目等于全部组合数减去含有三个共线的点的组合数图 11 中线的数目:3 条水平线,3 条垂直线,两条对角线. 对每条线而言,不在该线上的点的个数为

$$\binom{9}{4} - 8 \times 6$$

$$= 126 - 48 = 78 \qquad (\quad D \quad)$$

25. 从 1 到 30 的整数中选取三个不同的数,使得它们的和是 3 的倍数,有多少种选取的方法?(不计选取的顺序)(　　).

A. 3 160 种　　B. 1 360 种　　C. 1 240 种

D. 1 353 种　　E. 3 240 种

解　可以将$\{1,2,\cdots,30\}$考虑为三个不相交集合的并集

$$P = \{n \mid n = 3k\}$$
$$Q = \{n \mid n = 3k + 1\}$$
$$R = \{n \mid n = 3k + 2\}$$

有两种方法来取三个数,使得它们的和是3的倍数:

(1) 三个数取自一个子集,可以有$3\binom{10}{3}$种取法;

(2) 从每个子集中取一个数,有10^3种取法.

全部取法的数目为

$$3\binom{10}{3}+10^3=3\left(\frac{10\times9\times8}{3\times2\times1}\right)+1\ 000$$
$$=360+1\ 000=1\ 360\qquad(\ \ \text{B}\ \ )$$

26. 如图12,一边长为1 m的正方形置于一半径为1 m的圆内. 该正方形以如下方式在圆内运动:绕点R顺时针旋转,直至S接触到圆;然后绕S顺时针旋转,直至P接触到圆. 依此类推,直至正方形又有两个点到达最初由Q和R所占的位置. 那么,在这过程中点P描出的轨迹的长度为(   ).

A. $(1+\frac{\sqrt{2}}{3})\pi$ m B. $(\frac{2}{3}+\frac{\sqrt{2}}{2})\pi$ m C. $\sqrt{2}\pi$ m

D. $(\frac{1}{2}+\frac{\sqrt{2}}{3})\pi$ m E. $(1+\frac{\sqrt{2}}{2})\pi$ m

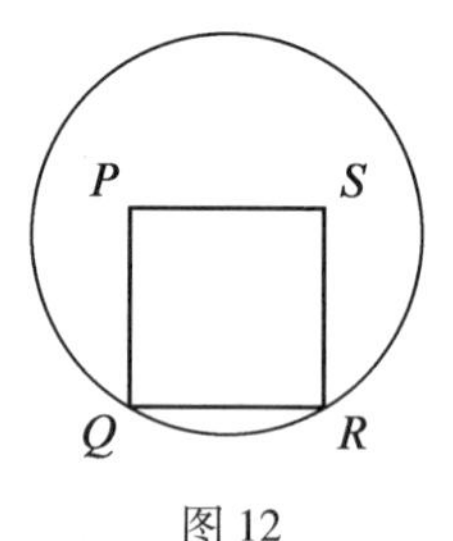

图12

解 如图13,显示了P从它的初始位置P_1到它的最终位置P_6所经过的路径. 很容易证明每次旋转的

角度是$30° = (\frac{1}{6})\pi$. 然而,从支点到P的旋转半径是变化的,变化情况如表2:

表2

旋转	支点到P的旋转半径	轨迹的长度
$P_1 \to P_2$	$\sqrt{2}$	$\frac{1}{6}(\pi\sqrt{2})$
$P_2 \to P_3$	1	$\frac{1}{6}\pi$
$P_3 \to P_4$	0	0
$P_4 \to P_5$	1	$\frac{1}{6}\pi$
$P_5 \to P_6$	$\sqrt{2}$	$\frac{1}{6}(\pi\sqrt{2})$
$P_6 \to P_1$	1	$\frac{1}{6}\pi$

所以轨迹的总长度为

$$\frac{3}{6}\pi + \frac{2}{6}(\pi\sqrt{2}) = (\frac{1}{2} + \frac{1}{3}\sqrt{2})\pi \quad (\quad D \quad)$$

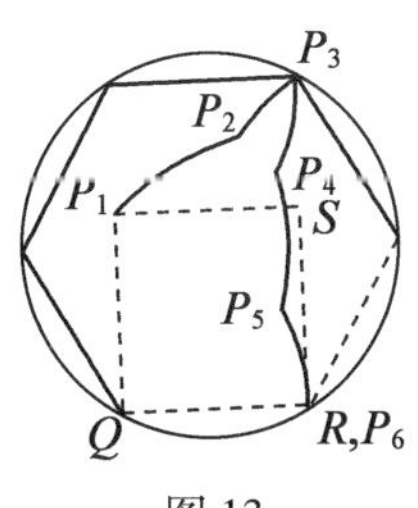

图13

27. 下列哪个数是方程$x^4 - 40x^3 + 206x^2 - 40x + 1 = 0$的一个根?(　　).

A. $5 + 2\sqrt{6}$　　B. $7 + 4\sqrt{3}$　　C. $11 - 2\sqrt{30}$

D. $9-4\sqrt{5}$　　　E. $17-12\sqrt{2}$

解法1　设法进行因式分解

$$x^4-40x^3+206x^2-40x+1$$
$$=(x^2+px+1)(x^2+qx+1)$$
$$=x^4+(p+q)x^3+(1+pq+1)x^2+(p+q)x+1$$

因此,$p+q=-40, 2+pq=206$,由此得,$p=-34, q=-6$.

x^2-6x+1 的两根为

$$\frac{6\pm\sqrt{36-4}}{2}=3\pm2\sqrt{2}$$

$x^2-34x+1$ 的两根为

$$\frac{34\pm\sqrt{34^2-4}}{2}=17\pm12\sqrt{2}\qquad(\quad E\quad)$$

解法2　$x^4-40x^3-40x+1$ 提醒我们,可以利用它得出一个完全平方式$(x^2-20x+1)^2$

$$x^4-40x^3+206x^2-40x+1$$
$$=x^4-40x^3+402x^2-40x+1-196x^2$$
$$=(x^2-20x+1)^2-196x^2\text{(利用两数平方差公式)}$$
$$=(x^2-20x+1+14x)(x^2-20x+1-14x)$$
$$=(x^2-6x+1)(x^2-34x+1)$$

于是同解法1,得到 $x^2-34x+1$ 的两个根 $17\pm12\sqrt{2}$.

28. 一位诚实的网球赞助商决定举办一场由两名网球手参加的表演赛. 这两名选手的名单将从 N 名选手的名字中随机地抽取. 这 N 名选手中有 n 位是澳大利亚人. 他抽出了两个名字. 在宣布参赛者前,一位记

者问:“比赛至少有一名澳大利亚人参加吗?”他看了看抽出的名字后说:“是的”.那么两位参赛者都是澳大利亚人的概率是(　　).

A. $\dfrac{n-1}{2N-n-1}$　　B. $\dfrac{n-1}{N-1}$　　C. $\dfrac{n+1}{2N-n+1}$

D. $\dfrac{3n-1}{2N+n-1}$　　E. $\dfrac{2n-1}{2N-1}$

解　两名参赛者都是澳大利亚人的机会

$$=\frac{\text{抽出两名澳大利亚选手的各种可能情形的数目}}{\text{至少抽出一名澳大利亚选手的各种可能情形的数目}}$$

$$=\frac{\text{抽出两名澳大利亚人的各种可能情形的数目}}{\left(\begin{array}{l}\text{抽出两名澳大利亚人的各}\\\text{种可能的情形的数目}\end{array}\right)+\left(\begin{array}{l}\text{抽出1名澳大利亚人及1名外国}\\\text{选手的各种可能情形的数目}\end{array}\right)}$$

$$=\frac{\binom{n}{2}}{\binom{n}{2}+n(N-n)}$$

澳大利亚选手被选的次数

外国选手被选的次数

$$=\frac{\dfrac{n(n-1)}{2}}{\dfrac{n(n-1)}{2}+nN-n^2}$$

$$=\frac{n-1}{n-1+2N-2n}=\frac{n-1}{2N-n-1}\qquad(\quad A\quad)$$

29. 现有10个圆,都位于同一平面内.每个圆与其他各个圆都相交于两点,而且任意三个圆都没有公共点.它们将平面分成若干不相交的区域,如果包括圆外的区域,共有几个不相交的区域?(　　).

A. 55 个　　B. 57 个　　C. 60 个

D. 90 个　　E. 92 个

解法 1　以 C_n 记 n 个圆以所给定的方式相交后产生的不相交区域的个数,假定平面上已有 $n-1$ 个圆,它们相交后已产生 C_{n-1} 个区域. 当一个新的圆与这 $n-1$ 个圆相交时,有 $2(n-1)$ 个交点. 这 $2(n-1)$ 个点将第 n 个圆的圆周分为 $2(n-1)$ 条不相交的弧,则第 n 个圆产生出的新增区域为 $2(n-1)$ 个.

于是 $C_n = C_{n-1} + 2(n-1)$. 现在 $C_1 = 2$,所以我们可以按递推关系推出表 3:

表 3

n	1	2	3	4	5	6	7	8	9	10
$2(n-1)$		2	4	6	8	10	12	14	16	18
C_n	2	4	8	14	22	32	44	58	74	92

表中显示 $C_{10} = 92$.　　(E)

解法 2　图 14 可用来解释 2 个,3 个和 n 个圆相交时形成的不相交区域的最大可能的数目,增加的区域的个数可以按照是在最初的两个圆的内部还是外部来分类计算. 当增加了第 n 个圆时,我们考虑:

(1) 内部区域:有阴影的两个区域(图(c))被分为两半,这样增加了两个区域. 总共增加 $2n-2$ 个这样的区域.

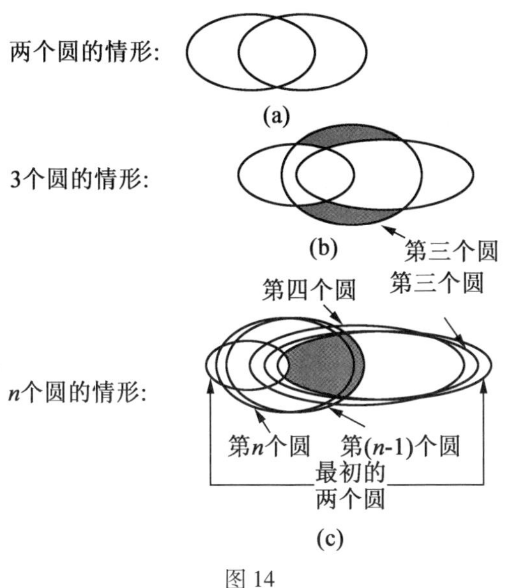

图 14

(2) 外部区域:我们从 $n=3$ 的情形开始. 在 $n=3$ 时. 顶部和底部各增加一个区域,共两个,即图(b) 中的阴影部分.

$n=4$ 时,顶部和底部各增加两个,即 4 个;

全部的数目以级数计算为 $2(1+2)$;

在 n 个圆情形以级数计算为 $2[1+2+\cdots+(n-2)]$.

(3) 最后,在区域外部与最初两圆相交的区域也应计算在内,是两个.

加起来,n 个相交圆产生的区域数等于

$$(2n-2)+2\underbrace{(1+2+\cdots+(n-2))}_{\text{算术级数}}+2$$

$$=2n-2+2(1+n-2)\frac{(n-2)}{2}+2$$

$$=2n-2+(n-1)(n-2)+2$$

$$=n^2-n+2$$

当 $n=10$ 时,这个数是92.

解法3 将该图考虑为一个平面连通图. 我们可以利用欧拉(Euler)著名的公式 $n-m+r=2$,其中 n,m 和 r 分别表示顶点数,边数和区域数.

由于共有 $\binom{10}{2}$ 对圆,每对圆相交于两个顶点,故顶点数为 $2\binom{10}{2}=90$.

又由于每个顶点的次数都为4(即有4条边从它那里连出),所以边数 $=\frac{1}{2}\times$(所有顶点的次数之和)—— 因为一条边贡献一个次数,并连接两个顶点,于是边数等于 $\frac{1}{2}\times 90\times 4=180$.

因此,从欧拉公式知:$90-180+r=2$,由此,推出 $r=92$.

第2章　1986年试题

1. 0.002 − 8 等于(　　).

A. 7.998　　B. −8.002　　C. 8.002

D. −7.998　　E. −7.98

解　0.002 − 8 = −7.998.　　(　D　)

2. $2^{2^3} \div (2^2)^3$ 等于(　　).

A. 0　　B. $\frac{1}{4}$　　C. 1

D. $\frac{4}{3}$　　E. 4

解　$2^{2^3} \div (2^2)^3 = 2^8 \div 2^6 = 2^2 = 4$.　　(　E　)

3. 若$\frac{1}{x} = \frac{2}{5} + \frac{5}{2}$,则 x 的值是(　　).

A. $\frac{10}{29}$　　B. $\frac{29}{10}$　　C. $\frac{7}{10}$

D. 1　　E. $\frac{10}{7}$

解　注意$\frac{1}{x} = \frac{2}{5} + \frac{5}{2} = \frac{4+25}{10} = \frac{29}{10}$,所以,$x = \frac{10}{29}$.　　(　A　)

4. 1 000 000 s 大约为(　　).

A. 3 天　　B. 12 天　　C. 3 个月

D. 1 年　　E. 2 年

解 我们有

$$1\ 000\ 000\ \text{s} = \frac{10 \times 10 \times 10 \times 10 \times 10 \times 10}{24 \times 60 \times 60}$$

$$= \frac{10\ 000}{24 \times 6 \times 6}$$

$$\approx \frac{10\ 000}{900}(\text{天})$$

即 11 天多一些. (B)

5. a 和 b 是正数,下面各数中哪个最大( ).

A. a^2+b^2 B. ab C. $(a+b)^2$

D. $(a-b)^2$ E. a^2-b^2

解 我们知道 $(a+b)^2=a^2+2ab+b^2$,这显然是最大的. 它比其他表达式都大,因为:

选项 A $a^2+2ab+b^2-(a^2+b^2)=2ab>0$;

选项 B $a^2+2ab+b^2-ab=a^2+ab+b^2>0$;

选项 D $a^2+2ab+b^2-(a-b)^2=a^2+2ab+b^2-a^2+2ab-b^2=4ab>0$;

选项 E $a^2+2ab+b^2-(a^2-b^2)=2ab+2b^2>0$. (C)

6. 1790 年 4 月 12 日,在悉尼(Sydney)湾居住的移民还余有 10 840 kg 的配给猪肉. 预计要用这些猪肉供 590 人食用直到 1790 年 8 月 26 日. 每人每日的猪肉配给量最接近于( ).

A. 125 g B. 0.125 g C. 875 g

D. 12.5 g E. 600 g

解 所涉及的天数 $=(30-12)+31+30+$

$31+26=136.$

这样每人每日平均有

$$\frac{10\ 840\times 1\ 000}{136\times 590}=\frac{10\ 840}{590}\times\frac{1\ 000}{136}\approx 18.3\times 7$$

即约125 g.　　　　　　　　　　　　　　（　A　）

7. 在约翰(John)的院子里有一块铺了砖的矩形地面.他将铺砖地面的长和宽都增加20%.铺砖的地面的面积相应增加的百分数是多少?(　　).

A. 40%　　　　B. 144%　　　　C. 44%

D. 400%　　　　E. 20%

解　假定原来的长为l单位,宽为b单位.则新的长为$\frac{1}{10}(12l)$单位,宽为$\frac{1}{10}(12b)$,新面积为$\frac{1}{100}(144lb)$平方单位.增长的百分数是44.　（　C　）

8. 对所有满足$-2.4<x<-1.5$和$0<p<2$的数p和x,下面哪个式子成立(　　).

A. $0<px<3.0$　　　　B. $-4.8<px<-3.6$

C. $-4.8<px<0$　　　　D. $-4.8<px<-3.0$

E. $-3.0<px<0$

解　因为$p>0$,在x的不等式中乘以p,不改变不等号的方向.于是有$-2.4p<px<-1.5p$.由此,式得$-4.8<px<0$.　　　　　　　　（　C　）

9. 某市1983年底统计10年平均降雨量为631 mm.一年后再统计10年平均降雨量为601 mm,1984年当年的降雨量是450 mm.1974年降雨量是多少毫米?(　　).

A. 750 mm　　B. 616 mm　　C. 1 232 mm

D. 30 mm　　E. 480 mm

解法 1　利用 10 年的平均降雨量可得总降雨量.我们有如下信息:

降雨年份	总降雨量
1 974,1 975,1 976,…,1 983	6 310 (1)
1 984	450　(2)
1 975,1 976,…,1 983,1 984	6 010 (3)

比较(2) 和(3),1975 年的降雨量减去 1983 年的降雨量是 $6\ 010-450=5\ 560$. 将此结果与(1) 比较,1 974 年的降雨量为 $6\ 310-5\ 560=750$.　　(　A　)

解法 2　设 1974 年的降雨量为 x mm. 设 1975—1983 年全部降雨量为 y mm. 于是有

$$631=\frac{1}{10}(x+y)\text{(到 1983 年 10 年平均降雨量)}\quad(1)$$

$$601=\frac{1}{10}(y+450)\text{(到 1984 年的 10 年平均降雨量)}\quad(2)$$

由(2) 可得,$y=6\ 010-450=5\ 560$. 由(1) 得,$x=6\ 310-y=6\ 310-5\ 560=750$.

10. 从布里斯班 (Brisbane) 开往图文巴 (Toowoomba) 的列车在每个整点发车. 从图文巴开往布里斯班的列车也是每逢整点发车,两个方向的行驶时间都是3 h45 min. 如果你坐上中午12 点从图文巴开往布里斯班的火车,在旅途中将有几列开往图文巴的

列车从你的列车旁边经过?(　　).

A. 3 列　　　　B. 4 列　　　　C. 5 列

D. 6 列　　　　E. 7 列

解　当你离开图文巴时,有3列从布里斯班开来的列车正在铁路线上行驶,另有1列正从布里斯班开出,总共是4列. 在你的$3\frac{3}{4}$h的行程中,又会有3列火车开出布里斯班,所以一共将有7列火车从你的列车旁驶过.

(E)

11. $y=|2-|x||$ 的图像是(　　).

A.
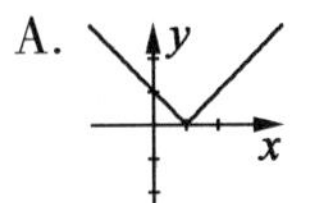

B. y x

C.
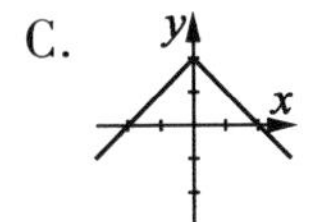

D.
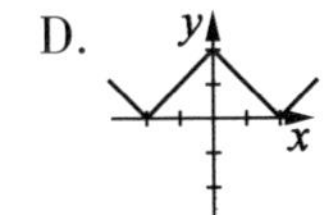

E.
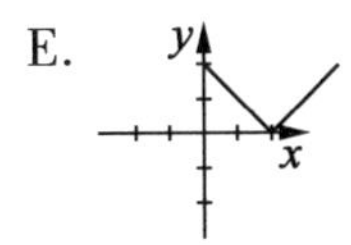

解　我们可以按以下步骤完成作图(图1):

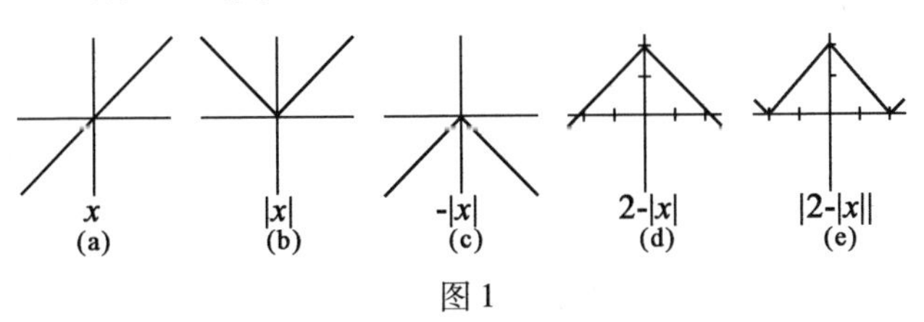

图1

(D)

注　选项B可以排除是因为它不满足$x=2$时$y=0$. 选项C被排除是因为它不满足$y\geqslant0$. 选项A和E都不是偶函数,故也应排除.

12. 设 $y=\sqrt{\frac{x}{1-x}}+\sqrt{\frac{1-x}{x}}$,则 y^2 等于(　　).

A. 1　　B. $\frac{1}{x-x^2}$　　C. $\frac{1-2x+2x^2}{x-x^2}$

D. $\frac{1-x+x^2}{x-x^2}$　　E. $\frac{1+2x^2}{x-x^2}$

解
$$y=\sqrt{\frac{x}{1-x}}+\sqrt{\frac{1-x}{x}}$$
所以
$$\begin{aligned}y^2&=\frac{x}{1-x}+\frac{1-x}{x}+2\sqrt{\frac{x(1-x)}{(1-x)x}}\\&=\frac{x^2+(1-x)^2+2x(1-x)}{x(1-x)}\\&=\frac{x^2+1+x^2-2x+2x-2x^2}{x-x^2}\\&=\frac{1}{x-x^2}\end{aligned}$$
(B)

13. 如果 $3^x-3^{x-3}=78\sqrt{3}$,则 x 等于(　　).

A. $3\sqrt{3}$　　B. $81\sqrt{3}$　　C. $\frac{9}{4}$

D. $\frac{1}{2}(3\sqrt{3})$　　E. $\frac{9}{2}$

解　我们注意到 $3^x-3^{x-3}=78\sqrt{3}$,即 $3^{x-3}(3^3-1)=78\sqrt{3}$,即
$$26\times3^{x-3}=78\sqrt{3},3^{x-3}=3\sqrt{3}=3^{\frac{3}{2}}$$
$$x-3=\frac{3}{2}$$

所以，$x=\frac{9}{2}$. (E)

14. 设 $x=\sec\theta+\tan\theta, y=\sec\theta-\tan\theta$. 对于所有使 x 和 y 有定义的 θ，下面哪个式子是正确的？( ).

A. $\frac{x+y}{2}=1$ B. $xy=1$ C. $x^2+y^2=2$

D. $x^2+y^2=1$ E. $\frac{x-y}{2}=1$

解 我们注意对一切 θ 的值有 $\sec^2\theta=1+\tan^2\theta$. 于是 $\sec^2\theta-\tan^2\theta=1$. 即 $(\sec\theta+\tan\theta)(\sec\theta-\tan\theta)=1$，即 $xy=1$. (B)

15. 数 p,q,r,s,t 是相继的正整数，并以从小到大的顺序排列. 设 $p+q+r+s+t$ 是完全立方数而 $q+r+s$ 是完全平方数，则最小可能的 r 值是( ).

A. 75 B. 288 C. 225

D. 675 E. 725

解 已知 $p+q+r+s+t=5r=m^3$，因此，$5\mid m^3$，故有 $5\mid m$. 于是 $5^3\mid m^3$，$5^2\mid r$.

又知 $q+r+s=3r=n^2$，因此，$3\mid n^2$，故有 $3\mid n$. 因此 $3^2\mid n^2$，$3\mid r$. 所以 $3\mid m^3$. 由此可知 $3\mid m$，故 $3^3\mid m^3$. 于是 $3^3\mid r$，故最小的 r 是 $r=3^3\times5^2=675$.

(D)

16. 红、白、蓝、绿四个彩色的珠子放置在一个正方形的四个角上. 如图2所示的两种放置形式被认为是同一种，因为一个正方形经旋转或翻转后放在另一个之上,此时可使上下彩珠的颜色相同.不同种颜色的彩珠放置形式的总数是多少?(包括图2中已显示的一种)(　　).

A. 4　　B. 2　　C. 12

D. 6　　E. 3

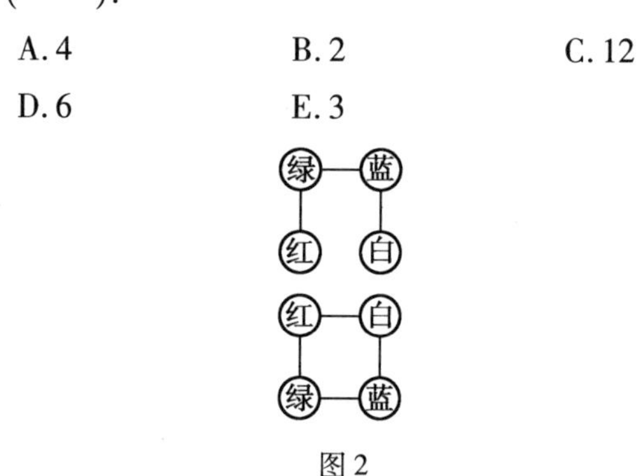

图2

解法1　取任一彩色珠子,例如红色的,置于正方形的一个角上.于是仅有的可选择的是对角上的珠子颜色,这时它可以有三种选择:白、蓝和绿.选定后余下的两个珠子放在另外两个角上,此时两种方法等价.

(　E　)

解法2　对每种放置方法都有八种等价的形态存在,那就是由正方形相继地做90°旋转,以及对每一个图形再做180°翻转而得到的(图3):

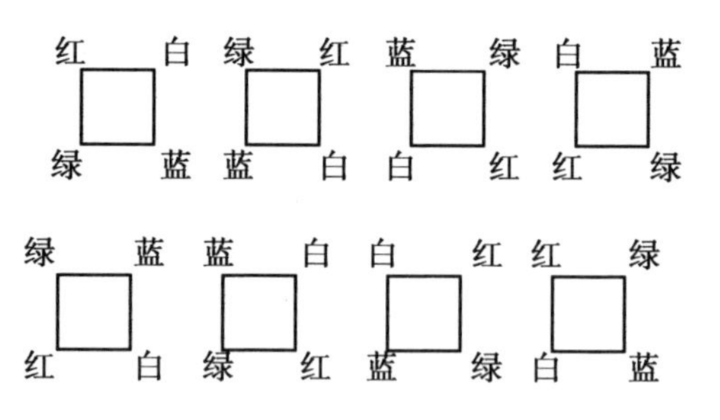

图3

这里总共有4！=24种形态，因此至多只能有3种是不等价的. 下面就是三种显然不等价的放置方法(图4)：

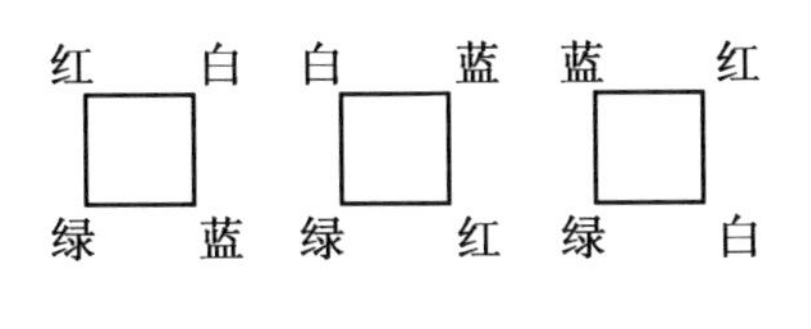

图4

17. 一支卫队必须在某时动身从P处到达Q处. 如果卫队以时速30 km行进，会在上午10:00到达Q处，比预定时间早1 h. 如果时速为20 km，则在中午12:00到达，又晚了1 h. 为了在11点准时到达Q处，卫队的速度应为(　　).

A. 22 km/h　　B. 23 km/h　　C. 24 km/h

D. 25 km/h　　E. 26 km/h

解　当时速为30 km/h，则卫队每2 min行进1 km. 若速度为20 km/h，则每3 min行进1 km. 于是当卫队以20 km/h的速度行进时，每千米慢1 min 要是慢2 h，即120 min，需要行进120 km，这就是P到Q的距离. 当卫队以30 km/h的速度行进时需用4 h. 现需要用5 h到达，则速度应为$\frac{120}{5}$km/h，即24 km/h.

(　C　)

18. 图5中显示了两个圆各自的一部分. 它们的半径皆等于1个单位，圆心都在x轴上. 图中阴影部分的面积为(　　).

A. 1　　B. $\frac{\pi}{3}$　　C. $\frac{\pi}{6}-\frac{\sqrt{3}}{4}$

D. $\frac{\pi}{4}+\frac{\sqrt{3}}{4}$　　E. $\frac{\pi}{6}+\frac{\sqrt{3}}{4}$

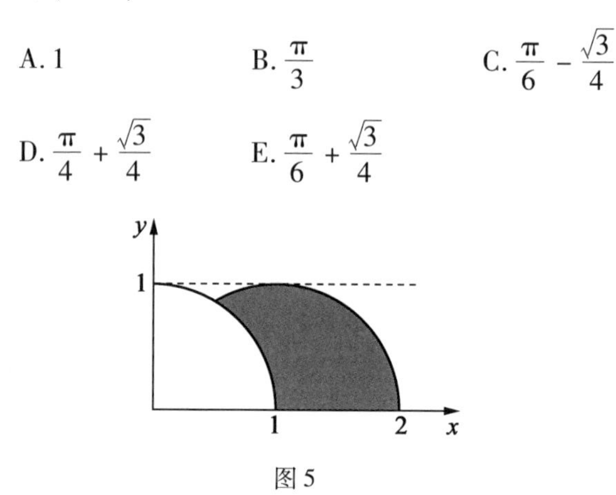

图 5

解法 1　在图 6 中标出点 O,P,Q 和 R 的位置,可知 $\triangle OPQ$ 是每边长为 1 个单位的等边三角形.

画阴影部分的面积等于位于直径 OR 上的上半圆的面积减去由 O,P 和 Q 界定的拱形区域的面积. 后者等于两倍的扇形 OPQ 的面积减去等边 $\triangle OPQ$ 的面积(不然的话,这个三角形面积就被算了两次),结果等于

$$\frac{1}{2}\times\pi\times 1^2-(2\times\underbrace{\frac{1}{2}\times 1^2\times\frac{1}{3}\pi}_{\text{扇形}OPQ\text{的面积}}-\underbrace{\frac{1}{2}\times 1^2\times\sin\frac{1}{3}\pi}_{\triangle OPQ\text{的面积}})$$

$$=\frac{1}{2}\pi-\frac{1}{3}\pi+\frac{1}{4}\sqrt{3}$$

$$=\frac{1}{6}\pi+\frac{1}{4}\sqrt{3}$$　　(E)

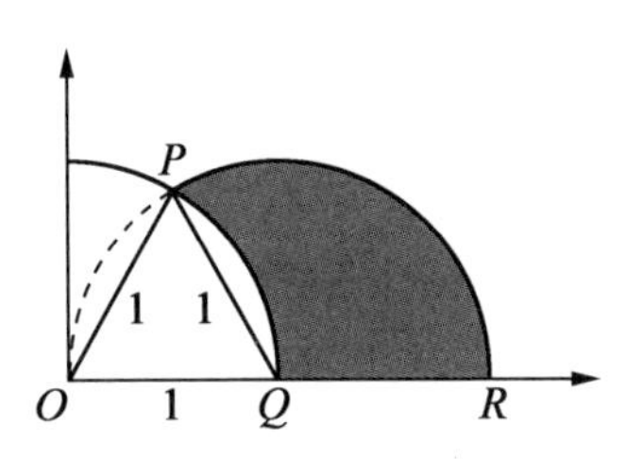

图 6

解法 2　仍采用解法 1 的图形中的记号

阴影部分的面积

$= $ 扇形 PQR 的面积 $-$ 该扇形中无阴影的部分的面积

$$= \frac{1}{2} \times 1^2 \times \frac{2}{3}\pi - \frac{1}{2}\left(\frac{1}{3}\pi - \frac{1}{2}\sqrt{3}\right)$$

$$= \frac{1}{3}\pi - \frac{1}{6}\pi + \frac{1}{4}\sqrt{3} = \frac{1}{6}\pi + \frac{1}{4}\sqrt{3} \qquad (\text{E})$$

解法 3　如图 7 作三个等边三角形，$\triangle OPQ$，$\triangle PQS$ 和 $\triangle QRS$，每个边长都等于 1 个单位. 这些三角形中的每一个的面积为 $\frac{1}{2} \times 1^2 \times \sin 60° = \frac{1}{4}\sqrt{3}$ 平方单位. 扇形 QSR 的面积为 $\frac{1}{2} \times 1^2 \times \frac{1}{3}\pi = \frac{1}{6}\pi$. 由此可知，整个阴影部分的面积为 $\frac{1}{6}\pi + \frac{1}{4}\sqrt{3}$ 平方单位.

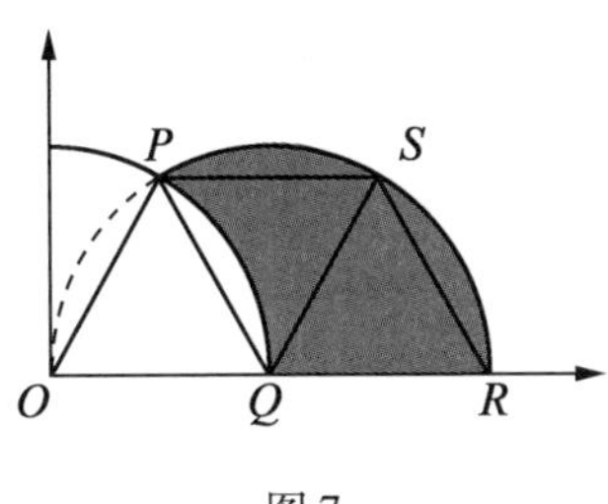

图 7

19. 当 a,b,c,d 由 2,4,6,8 按任意次序代替时,表达式 $ab+bc+db+dc$ 的极大值是(　　).

A. 144　　　B. 120　　　C. 116

D. 96　　　E. 108

解　该表达式等于 $b(a+c+d)+dc$,为了使它达到极大,令 $b=8$,并指定次大的两个值代替 c 和 d(与次序无关)使 dc 最大. 这时上面表达式的值是

$$8(2+4+6)+24=96+24=120\qquad(\ \mathrm{B}\ )$$

20. 一个正六边形的外接圆的面积等于 $2\pi\ \mathrm{cm}^2$. 此六边形的面积为(　　).

A. $6\ \mathrm{cm}^2$　　　B. $3\sqrt{3}\,\mathrm{cm}^2$　　　C. $4\sqrt{2}\,\mathrm{cm}^2$

D. $2\sqrt{6}\,\mathrm{cm}^2$　　　E. $\frac{3}{2}\sqrt{6}\,\mathrm{cm}^2$

解　如图 8,令该圆的半径为 r cm. 于是有 $\pi r^2=2\pi$,即 $r=\sqrt{2}$. 那么该六边形是由六个边长为 $\sqrt{2}$ cm 的等边三角形组成的. 每一个等边三角形的面积为

$$\frac{1}{2}\times\sqrt{2}^2\times\sin 60^\circ=\sin 60^\circ=\frac{1}{2}\times\sqrt{3}\,(\mathrm{cm}^2)$$

所以该六边形的面积为 $\frac{6}{2}\sqrt{3}=3\sqrt{3}\,(\mathrm{cm}^2)$.　　(　B　)

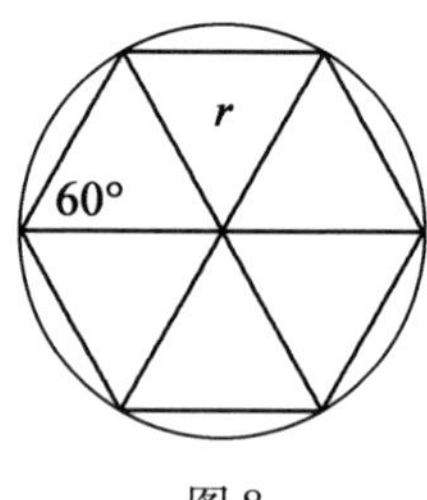

图 8

21. 有四根木料,其长度已在图9标明. 它们按图中的方式平行地摆放. 我们沿着与木料垂直的方向 L 切割它们,使得 L 左右两边的木料的总长度相等. 那么最上面那根木料在 L 左方的部分的长度为(　　).

A. 4.25 m　　B. 3.5 m　　C. 4 m

D. 3.75 m　　E. 3.25 m

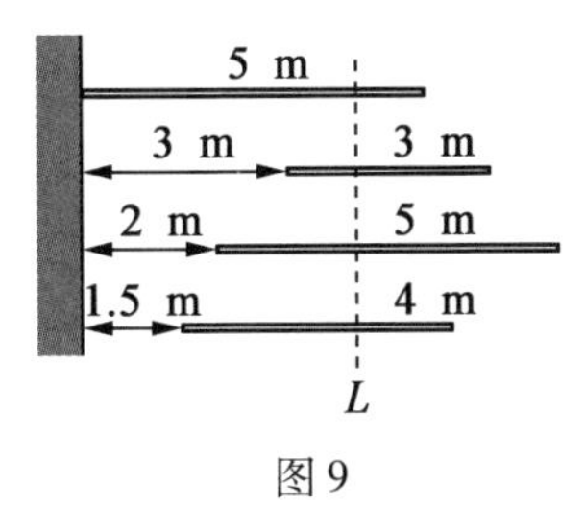

图9

解　如图10,设 x 是所求的长度. 则有:

第1根:在 L 左方的长为 x,在右方的长为 $5-x$;

第2根:在 L 左方为 $x-3$,右方为 $3-(x-3)$;

第3根:L 左方为 $x-2$,右方为 $5-(x-2)$;

第4根:L 左方为 $x-1\frac{1}{2}$,右方为 $4-(x-1\frac{1}{2})$.

因此,左边的总长度为 $4x-6\frac{1}{2}$. 而右边的总长度是 $23\frac{1}{2}-4x$. 因为,左、右的总长度必须相等,即

$$4x-6\frac{1}{2}=23\frac{1}{2}-4x$$

即

$$8x=30$$

故 $x = 3.75$. (D)

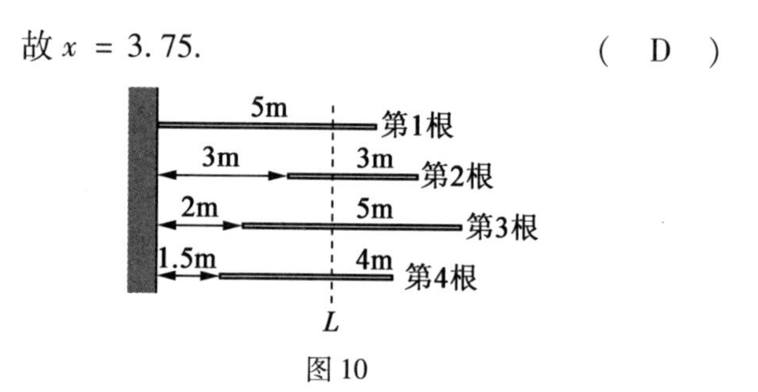

图 10

22. 一张矩形的纸的一边长为 6 cm,其邻边比 6 cm 长.将纸的一角内折,使角的顶点位于相对的长边上.若折痕的长度是 l cm,跟一条长边所成的角为 θ(图 11),则 l 等于( ).

A. $6\tan\theta$ B. $\dfrac{3}{\sin\theta\cos^2\theta}$ C. $\dfrac{6}{\sin^2\theta\cos\theta}$

D. $\dfrac{3}{\sin\theta\cos\theta}$ E. $\dfrac{3}{\sin^3\theta}$

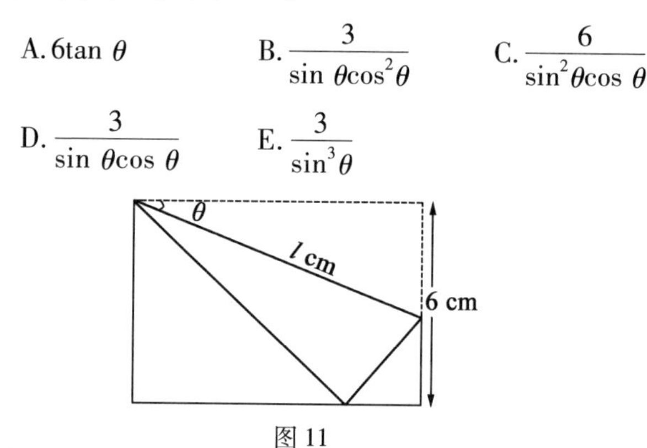

图 11

解法1 如图12标上字母,距离和角度. $\triangle PQT$ 经过对 PT 的反射变成 $\triangle PUT$,那么 $TU = l\sin\theta$. 又 $\angle QTP = \angle UTP = 90° - \theta$,故 $\angle UTP = 2\theta$ 且 $TR = l\sin\theta\cos 2\theta$. 于是

$$\begin{aligned}6 &= QT + TR = l\sin\theta + l\sin\theta\cos 2\theta \\ &= l\sin\theta(1+\cos 2\theta) = 2l\sin\theta\cos^2\theta\end{aligned}$$

由此推出 $l=\dfrac{3}{\sin\theta\cos^2\theta}$.　　　　(B)

图 12

解法 2　利用在图 13 上标出的记号,可以看出

$$\frac{6}{l}=\frac{6}{a}\times\frac{a}{l}=\sin 2\theta\cos\theta=2\sin\theta\cos^2\theta$$

于是 $l=\dfrac{6}{2\sin\theta\cos^2\theta}=\dfrac{3}{\sin\theta\cos^2\theta}$.

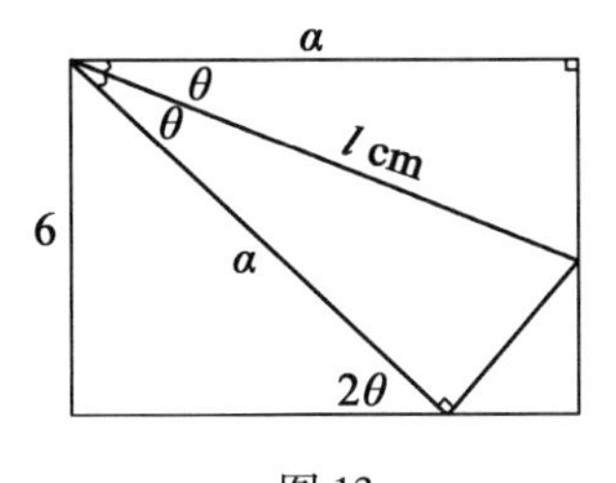

图 13

23. 有些完美幂(指:正整数的五次幂)的各位数字全不相同,比如 $2^5=32$, $3^5=243$;有些有重复的数字,像 $10^5=100\,000$. 以 n 表示各位数字全不相同的五次幂的个数,则(　　).

A. $n\leqslant 90$　　B. $90<n\leqslant 98$　　C. $n=99$

D. $n=100$　　E. $n>100$

解　任一 11 位数都不可能做到其各位数字两两

不同. 因此如果 x^5 有各不相同的各位数字,则 x^5 的上界是 10^{10}. 因此 $x<100$,x 的可能值是 1,2,…,99. 但任一 10 的倍数的五次方幂必会有重复的零出现. 所以

$$x \in \{1,2,\cdots,99\} \setminus \{10,20,\cdots,90\}$$

由此得出 $n \leqslant 90$. (A)

24. 2^{222} 的最后两位数字是( ).

A. 84　　B. 24　　C. 64

D. 04　　E. 44

解法 1　在寻找规律时,我们发现如表 1:

表 1

2 的幂次	1	2	3	4	5	6	7	8	9	10	11
末两位数	02	04	08	16	32	64	28	56	12	24	48
2 的幂次	12	13	14	15	16	17	18	19	20	21	22
末两位数	96	92	84	68	36	72	44	88	76	52	04

在一个循环中有 20 个不同的末 2 位数,循环开始于 04,即 2^2. 现在 $221 \div 20 = 11$ 余 1,所以 2^{222} 与 2^2 最后两位数相同,即为 04. (D)

解法 2　我们注意

$$\begin{aligned} 2^{20n+2} - 2^2 &= 2^2(20^{20n} - 1) \\ &= 2^2(2^{20} - 1)(1 + 2^{20} + \\ &\quad 2^{40} + \cdots + 2^{20(n-1)}) \end{aligned}$$

因 $2^{10} = 1\,024$,2^{20} 的末两位数为 76,则$(2^{20}-1)$的末两位数为 75,$2^2(2^{20}-1)$以 00 结尾. 这样$(2^{20n+2}-2^2)$能被 100 除尽,因此 2^{20n+2} 的最后两位数字是 04.

(D)

25. 一个菱形的两条对角线长为 6 和 8. 菱形内有一等边三角形,它的一个顶点位于较短对角线的一个端点处,有一条边跟较长对角线平行. 该三角形的高的长度为$\frac{k}{13}(4-\sqrt{3})$. k 的值为(　　).

A. 12　　　　B. 18　　　　C. 21

D. 24　　　　E. 27

解　如图 14 标上字母,注意两条对角线相互垂直平分. 令 QU 的长度等于 h 个单位长. 因为 $\triangle QTV$ 是等边三角形,U 是一个中点,$TU=\frac{1}{3}(h\sqrt{3})$ 单位. 此时

$$\tan\angle PSQ=\frac{4}{3}=\frac{TU}{US}=\frac{h\sqrt{3}}{3}\times\frac{1}{(6-h)}$$

于是

$$24-4h=h\sqrt{3},h=\frac{24}{4+\sqrt{3}}=\frac{24(4-\sqrt{3})}{13}$$

(D)

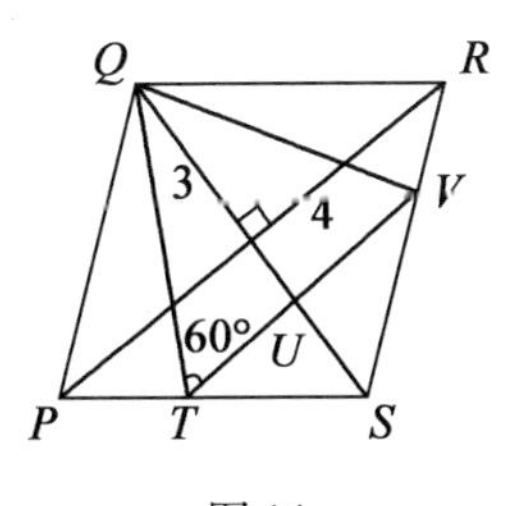

图 14

26. 有多少个正整数 n,使得 $n+3$ 除 n^2+7 没有余数(　　).

A. 0　　　　B. 1　　　　C. 2

D. 3　　　　　　E. 无限多个

解法 1　我们注意到

$$n^2+7=(n+3)^2-6n-2$$
$$=(n+3)^2-6(n+3)+16$$

故当 $n+3\mid 16$ 时有 $n+3\mid n^2+7$,由此得到 $n=1,5,13$.　　　　(D)

解法 2　我们需要 $n+3\mid n^2+7$, 易见 $n+3\mid n^2+3n$, 于是要有

$$n+3\mid 3n-7 \quad (1)$$

我们还知

$$n+3\mid 3n+9 \quad (2)$$

于是从(1) 和(2) 得知 $n+3\mid 16$. 这样就有

$n=13,5,1$(仅取 n 为正数)　　(D)

27. 如图 15,$XYZW$ 是一梯形, 其中 $XY\ /\!/\ WZ$, $WX\perp XY$ 且 $\angle WYZ=\alpha$. 若 $WX=4$,$XY=6$,则 WZ 用 α 表示为(　　).

A. $\dfrac{26\sin\alpha}{2\cos\alpha+3\sin\alpha}$　　B. $\dfrac{10\sin\alpha}{\cos\alpha+\sin\alpha}$

C. $\dfrac{\sin\alpha}{2\cos\alpha+\sin\alpha}$　　D. $\dfrac{6\sin\alpha}{2\cos\alpha+\sin\alpha}$

E. $\dfrac{12\sin\alpha}{\cos\alpha+2\sin\alpha}$

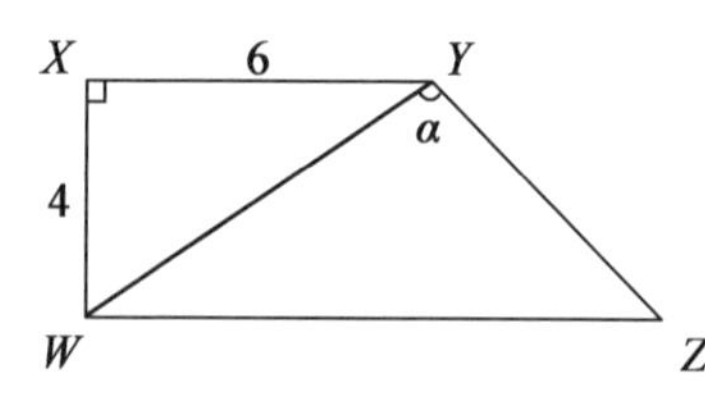

图 15

解 如图16,令$\angle WYX=\beta$. 在$\triangle WYZ$中应用正弦定理

$$\frac{WZ}{\sin\alpha}=\frac{\sqrt{52}}{\sin(180^\circ-(\alpha+\beta))}$$

于是

$$WZ=\frac{\sqrt{52}\sin\alpha}{\sin(\alpha+\beta)}=\frac{\sqrt{52}\sin\alpha}{\sin\alpha\cos\beta+\sin\beta\cos\alpha}$$

$$=\frac{\sqrt{52}\sin\alpha}{\frac{6}{\sqrt{52}}\sin\alpha+\frac{4}{\sqrt{52}}\cos\alpha}=\frac{26\sin\alpha}{3\sin\alpha+2\cos\alpha}$$

(A)

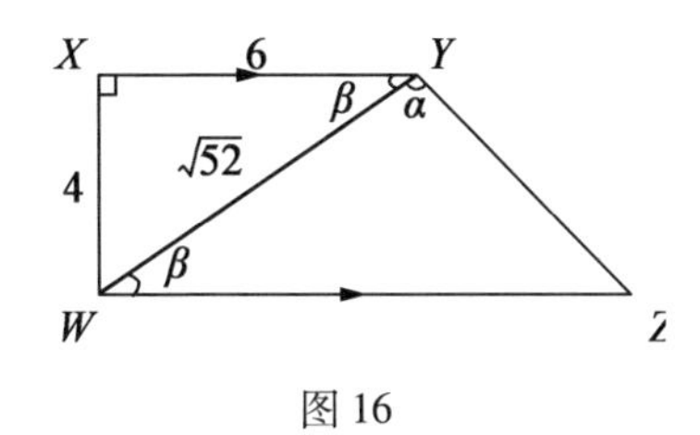

图16

28. 多重完全数是一个数,它的因子(包括1和自身)的和是该数的倍数,如30 240便是一个多重完全数. 问其所有因子的和是30 240的几倍?( ).

A. 6倍　　B. 3倍　　C. 2倍

D. 4倍　　E. 5倍

解法1 首先注意$30\ 240=2^5\times3^3\times5\times7$. 这样30 240的每个因子都含有从$2^0$到$2^5$的一个2的幂次,从$3^0$到$3^3$的一个3的幂次,以及$5^0$或$5^1$,$7^0$或$7^1$. 所有的因子之和可排列如下

$$2^0 3^0 5^0 7^0 + 2^0 3^0 5^0 7^1 + 2^0 3^0 5^1 7^0 + 2^0 3^0 5^1 7^1 +$$
$$(2^0 3^1 5^0 7^0 + \cdots + 2^0 3^3 5^1 7^1) + \cdots +$$
$$(2^5 3^0 5^0 7^0 + \cdots + 2^5 3^3 5^1 7^1)$$

即

$$2^0 3^0 5^0 (7^0 + 7^1) + 2^0 3^0 5^1 (7^0 + 7^1) +$$
$$(2^0 3^1 5^0 (7^0 + 7^1)) + \cdots +$$
$$(2^0 3^3 5^1 (7^0 + 7^1)) + \cdots +$$
$$(2^5 3^0 5^0 7^0 + \cdots + 2^5 3^3 5^1 7^1)$$

即

$$2^0 3^0 (5^0 + 5^1)(7^0 + 7^1) + \cdots +$$
$$2^0 3^3 (5^0 + 5^1)(7^0 + 7^1) + \cdots + \text{类似的项}$$

但 2 的幂次要高,即

$$2^0 (3^0 + \cdots + 3^3)(5^0 + 5^1)(7^0 + 7^1) + \cdots + \text{类似的项}$$

但 2 的幂次要高,即

$$(2^0 + \cdots + 2^5)(3^0 + \cdots + 3^3)(5^0 + 5^1)(7^0 + 7^1)$$

$$63 \times 40 \times 6 \times 8 = 3^2 \times 7 \times 2^3 \times 5 \times 2 \times 3 \times 3 \times 2^3$$
$$= 2^2 (2^5 \times 2^3 \times 5 \times 7)$$

(D)

解法 2 在很多数论书中(如:U. Dudley,初等数论,第二版,Freeman,1978)都写过,如果 P 是一个质数,则 P^n 的因子和是一个几何级数之和,也就是

$$\sigma(P^n) = 1 + P + P^2 + \cdots + P^n = \frac{P^{n+1} - 1}{P - 1}$$

进一步,如 $N = P^r Q^s \cdots V^t$,其中 $P, Q, \cdots, V$ 是不同的质数,则

$$\sigma(N) = \sigma(P^r) \times \sigma(Q^s) \times \cdots \times \sigma(V^t)$$

因此

$$\begin{aligned}\sigma(30\,240) &= \sigma(2^5 3^3 5^1 7^1) \\ &= \sigma(2^5) \times \sigma(3^3) \times \sigma(5^1) \times \sigma(7^1) \\ &= \frac{2^6 - 1}{2 - 1} \times \frac{3^4 - 1}{3 - 1} \times \frac{5^2 - 1}{5 - 1} \times \frac{7^2 - 1}{7 - 1} \\ &= 63 \times 40 \times 6 \times 8 \\ &= 2^2(2^5 \times 3^3 \times 5 \times 7)\end{aligned}$$

第 3 章　1987 年试题

1. $2^{12} \div 2^{2}$ 等于(　　).

A. 6　　B. 2^{6}　　C. 1^{10}

D. 2^{10}　　E. 2^{14}

解　$2^{12} \div 2^{2} = 2^{12-2} = 2^{10}$.　　(D)

2. $(x-1)-(1-x)+(x-1)$ 等于(　　).

A. $3x-3$　　B. $x-3$　　C. $3x-1$

D. $x-1$　　E. x

解　$(x-1)-(1-x)+(x-1) = x-1-1+x+x-1 = 3x-3$.　　(A)

3. 方程$\frac{1}{x-5}=0.01$ 的解是(　　).

A. -4.99　　B. 5.01　　C. 15

D. 95　　E. 105

解　若$\frac{1}{x-5}=0.01=\frac{1}{100}$,则 $x-5=100$,即 $x=105$.　　(E)

4. $\frac{1}{2}[1+(-1)^{11}]$ 等于(　　).

A. 6　　B. 1　　C. 0

D. $\frac{1}{2}$　　E. -5

解　-1 的奇整数次幂仍是 -1,于是

$$\frac{1}{2}[1+(-1)^{11}]=\frac{1}{2}[1-1]=0$$

（ C ）

5. 图1是一个幻方,这意味着它的每行、每列以及对角线上的数之和是相同的,那么 N 的值为(　　).

A. 13　　B. 10　　C. 17

D. 9　　E. 14

16	N	
11		15
12		

图1

解　第一行表示出每行、每列及对角线上的数字和必须等于 $16+11+12=39$. 因此,中间一列位于中间的元素必等于 $39-11-15=13$. 位于右上角的元素在左下方到右上方的对角线上,必为 $39-12-13=14$. 于是,从上面一列可知 $N=39-16-14=9$.

（ D ）

6. 从高度为 h m 的高处可见到 d km 远处的地平线,此处的 d 可由近似公式给出:$d=8\sqrt{\frac{h}{5}}$,新西兰库克(Cook)峰的攀登者可见到西边塔斯曼海(Tasman Sea)中的地平线,距离为 160 km. 攀登者的高度近似于

(　　).

A. 1 600 m　　B. 2 500 m　　C. 4 000 m

D. 1 000 m　　E. 2 000 m

解　$160=8\sqrt{\frac{h}{5}}$,那么,$20=\sqrt{\frac{h}{5}}$,即$\frac{h}{5}=400$,$h=2\ 000$.　　(E)

7. 如果 $xy=7$,则$\frac{2^{(x+y)^2}}{2^{(x-y)^2}}$的值是(　　).

A. 4　　B. 2^7　　C. 2^{14}

D. 2^{28}　　E. 2^{196}

解　$\frac{2^{(x+y)^2}}{2^{(x-y)^2}}=2^{(x+y)^2-(x-y)^2}=2^{x^2+y^2+2xy-x^2-y^2+2xy}=2^{4xy}$. 如果 $xy=7$,那么 $2^{4xy}=2^{28}$.　　(D)

8. 通过一个均匀出水的水龙头向一容器内注水. 容器内水平面高度随注水时间变化的曲线如图 2 所示. 其中 PQ 这段是直线段. 那么应于此曲线的容器为(　　).

A. 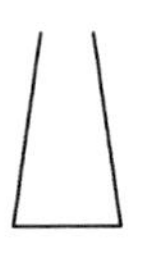　　B. 　　C. 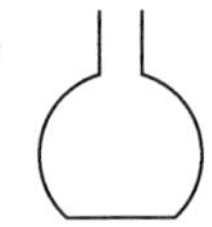

D. 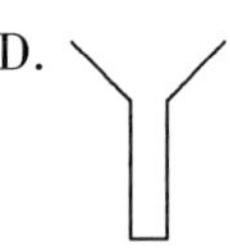　　E. 

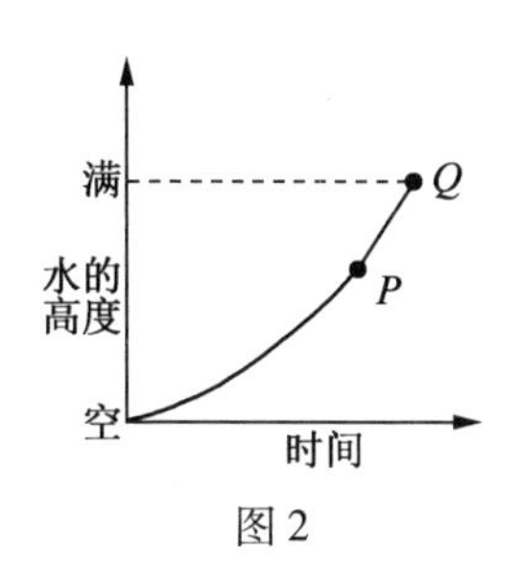

图2

解　该曲线从 P 到 Q 的斜率是常数,即此时水平面增高的速度是常数.因此,容器在这一范围内的侧面必是垂直的,这使我们的选择限制在B和C两种情形.从原点到 P 这一段曲线的斜率始终在增加,这必定是因为该容器从它的底部到达垂直侧面是逐渐变窄的.为满足这一形状只有选择B.　　(　B　)

9. 在连续两个年度中,每年干酪的价格都增长10%.在第一年初时干酪价格为每千克5元.到第二年年底时,10元钱可买干酪(精确到10 g)(　　).

A. 1 600 g　　B. 2 400 g　　C. 1 650 g

D. 1 670 g　　E. 1 820 g

解　由于每年的增长率为10%,经过一年物价就要乘上因子 $1+\frac{10}{100}=1.1$. 经过两年物价增长因子为 $1\times 1.1^2=1.21$. 开始时1 kg干酪的价格是5元.在第二年年底1 kg的价格为 (5×1.21) 元 $=6.05$ 元.

这样用10元可买 $\frac{10}{6.05}$ kg或 $\frac{10\ 000}{6.05}$ g.

$$\begin{array}{r} 1\,652.8 \\ 605\overline{\big)\,1\,000\,000} \\ \underline{605} \\ 3\,950 \\ \underline{3\,630} \\ 3\,200 \\ \underline{3\,025} \\ 1\,750 \\ \underline{1\,210} \\ 5\,400 \\ \underline{4\,840} \\ 560 \end{array}$$

即 1 650 g(精确到 10 g). (C)

注 取$\frac{10\,000}{6.05}$的近似值$\frac{10\,000}{6} = 1\,666\frac{2}{3}$是不适当的. 这会导出错误,即把计算两年通货膨胀的复利法变成简单的相加法,给出的两年价格的增长仅为 20%.

10. 有一对双胞胎和一组三胞胎,他们五人年龄总和是 150 岁. 如果双胞胎与三胞胎的年龄互换,则年龄总和是 120 岁. 双胞胎的年龄是多少岁?( ).

A. 12 岁　　B. 30 岁　　C. 42 岁

D. 24 岁　　E. 20 岁

解 设双胞胎的年龄是 x 岁,三胞胎的年龄是 y 岁. 则有 $2x + 3y = 150, 3x + 2y = 120$. 由第一个方程得

$$y = \frac{150 - 2x}{3}$$

将它代入第二个方程得

$$3x + 2\left(\frac{150 - 2x}{3}\right) = 120$$

即 $9x + 300 - 4x = 360$,即 $5x = 60$,故 $x = 12$.

(A)

11. 芬兰有一位女士参加一场野外滑雪比赛. 出发点位于一条南北向的长长的篱笆以西 2 km 处. 终点标竖立在出发点往北 5 km 再向西 8 km 处. 按规则,她必须在到达终点标之前触到篱笆一次. 这样她完成比赛的最短距离是(　　).

A. $5\sqrt{5}$ km　　　B. $(10+\sqrt{29})$ km

C. $(2+\sqrt{5})$ km　　　D. $(4+\sqrt{89})$ km

E. 13 km

解　如图3,滑雪者的出发点是 P,终点是 Q. 设滑雪者在 R 触到篱笆. 滑雪者的路径用虚线表示.

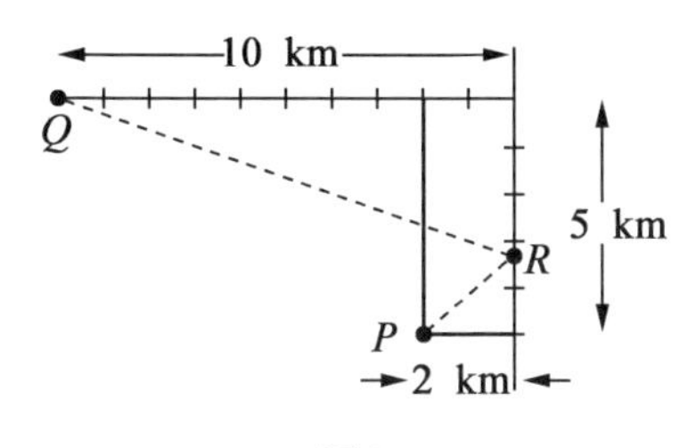

图3

如图4,该问题等价于直线 PR 关于南北向篱笆的反射问题. 最小距离对应于 PQ 是一条直线,因此从 P 到 Q 的距离是 13,其理由是 PQ 为一个(5,12,13)的 $\mathrm{Rt}\triangle QSP$ 的斜边.　　　(E)

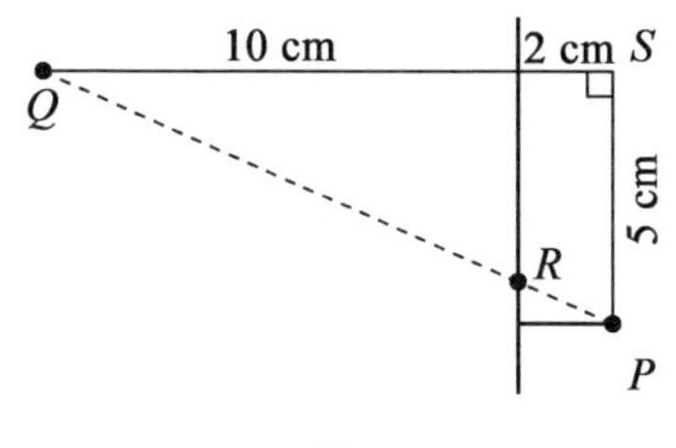

图4

12. 如图5,一张信用卡号码中的14个数字写在格子里.假设任一组相邻的三个数字之和都是20.则x的值是(　　).

			9				x				7		

图5

A. 3　　B. 4　　C. 5

D. 7　　E. 9

解　如果任意相邻的三个数字之和都是20,这些数字必然会每隔3位循环地出现.例如第一个数字必等于第四个数字,因第一,二,三这三个数字加起来是20,而第二,三和四这三个数字加起来也是20.如果以A,B,C标记一个循环中的数字,则这张卡的号码可标记为

A　B　C　A　B　C　A　B　C　A　B　C　A　B

9　　x　　7

于是$A = 9, C = 7$,而$B = x = 20 - 9 - 7 = 4$.

(　B　)

13. 在图6中,$\angle PST = \angle PQR = 90°$.同时,$PS = 15$ m,$QR = 16$ m,$PT = 17$ m.QT的长度是(　　).

A. 13 m　　B. 14 m　　C. 15 m

D. 16 m　　E. 17 m

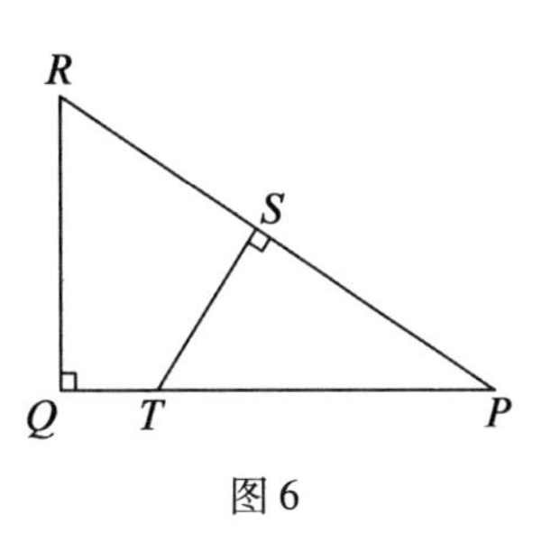

图6

解　根据毕达哥拉斯定理,ST 的长度是 $\sqrt{17^2-15^2}=8$ (m),$\triangle PST$ 和 $\triangle PQR$ 在 P 有一公共角,并各有一直角,所以两个三角形相似.因此,$\triangle PQR$ 是一个(8,15,17)的三角形,即其中 PQ,QR 和 PR 的长度分别与15,8和17成比例.

如图7,由于 QR 长为16 m,PQ 长为 $15\times 2=30$(m).因此 TQ 长 $30-17=13$(m).　　(　A　)

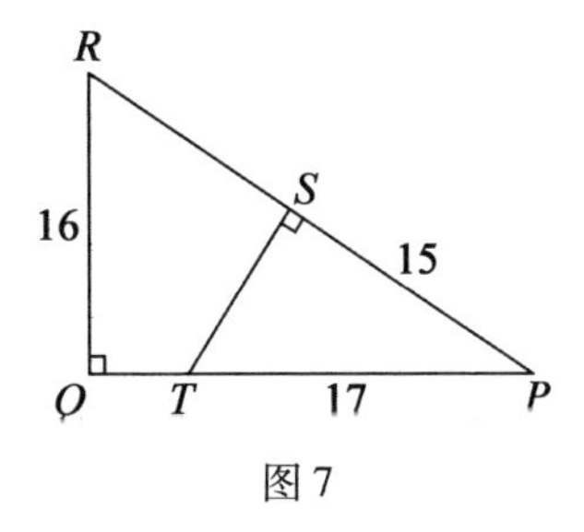

图7

14. 由点(1,9)向直线 $y=x$ 所引垂线的垂足的 x 坐标是(　　).

A.4　　B.5　　C.6

D.7　　E.9

解　如图8,点(1,9)记为 P,P 向 $y=x$ 作垂线与 $y=x$ 交于 $Q(a,a)$.那么 PQ 的斜率必为 -1,因为 PQ

与斜率为 1 的直线 $y=x$ 垂直. 但 PQ 的斜率可表示为 $\frac{a-9}{a-1}$. 因此, $\frac{a-9}{a-1}=-1$, 即 $a-9=1-a$. 故 $2a=10$, $a=5$.　　　　(B)

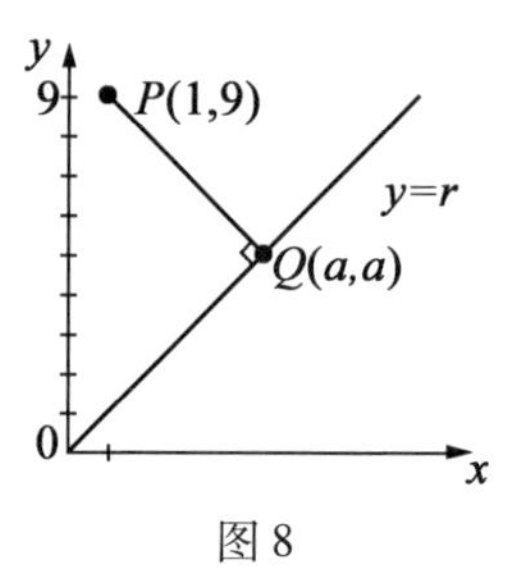

图 8

15. 有两支蜡烛,其长度和粗细都不相同. 长的一支可点 7 h,短的一支可点 10 h. 点了 4 h 后两支蜡烛一样长,则短的蜡烛的长度比长的蜡烛的长度为(　　).

A. $\frac{7}{10}$　　B. $\frac{3}{5}$　　C. $\frac{4}{7}$

D. $\frac{5}{7}$　　E. $\frac{2}{3}$

解　设长蜡烛的长度为 x,短蜡烛的长度为 y. 4 h 后两支蜡烛长度分别为 $\frac{3x}{7}$ 和 $\frac{6y}{10}$. 由此,可得 $\frac{3x}{7}=\frac{6y}{10}=\frac{3y}{5}$,所以 $\frac{y}{x}=\frac{5}{7}$.　　　　(D)

16. 在由 4 位数字组成的正整数中有多少个满足下述条件:其 4 位数字都不是 0 又互不相同,且它们的和为 12?(　　).

A. 56 个　　B. 18 个　　C. 256 个

D. 24 个　　　　E. 48 个

解　必有一位数字是1,否则最小的可能的和是$2+3+4+5=14$. 第二小的数字必是2,否则最小的可能的和是$1+3+4+5=13$. 于是仅有的可能的组合是$\{1,2,3,6\}$和$\{1,2,4,5\}$. 每组可写出$4!$个,即24个数字顺序不同的四位数,共得出48个不同的数.

（ E ）

17. 一个点Q到一条曲线的距离定义为它到曲线上各点距离中的最小者QR(R是曲线上一点). 现有一动点P,它离方程为$x^2+y^2=1$的圆的距离和它离方程为$x=2$的直线的距离始终相等,则点P运动轨迹的方程为(　　).

A. $y^2=9-6x$　　　　B. $4x^2+4y^2=9$

C. $y^2=3-2x$　　　　D. $x=\dfrac{3}{2}$

E. $x^2+y^2+x-3=0$

解　如图9,令P的路径上有代表性的点的坐标为(a,b). 该点到直线的距离是$(2-a)$,到圆的距离等于它离圆心的距离减去圆的半径.

因此

$$2-a=\sqrt{a^2+b^2}-1$$

$$3-a=\sqrt{a^2+b^2}$$

$$9-6a+a^2=a^2+b^2$$

$$9-6a=b^2$$

（ A ）

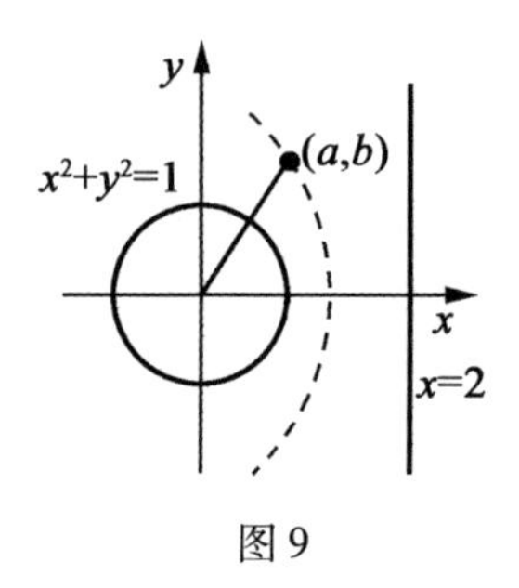

图 9

18. 如图 10 所示,有半径为 R 的三个同样的半圆,它们的圆心 C_1,C_2 和 C_3 位于一条直线上,且每个圆心都在另一半圆的圆周上. 然后,作第四个圆,使它和前三个相同的半圆相切,圆心为 C_4. 若 r 是那个最小的圆的半径,那么 R 对 r 的比为(　　).

A. 4 : 1　　B. 15 : 4　　C. 11 : 3

D. 10 : 3　　E. 3 : 1

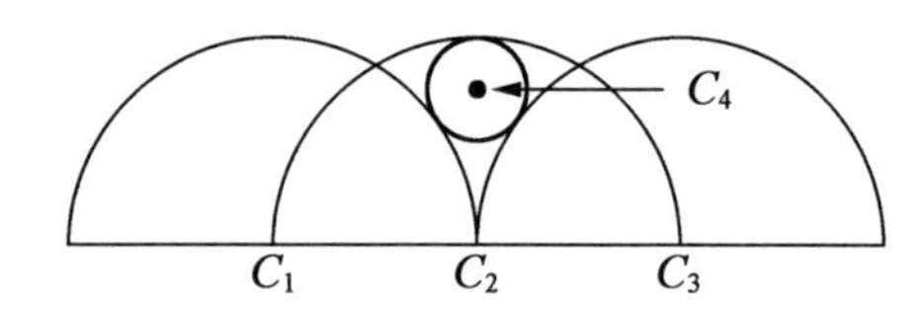

图 10

解　如图 11,线段 C_2C_4 的长为 $(R-r)$. $\triangle C_1C_2C_4$ 是直角三角形,其边长分别为 $(R-r)$,R 和 $(R+r)$.

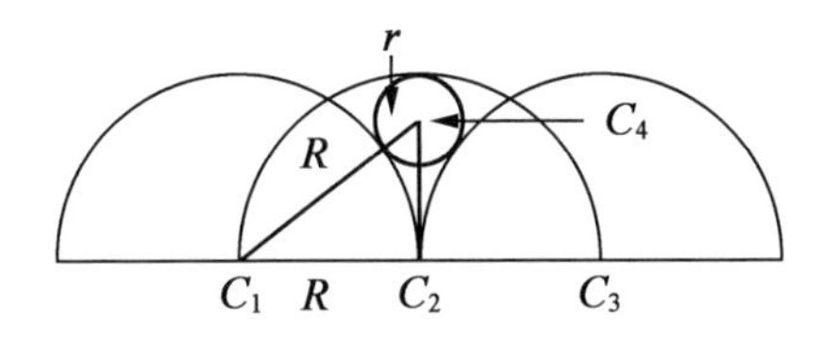

图 11

因此

$$(R-r)^2+R^2=(R+r)^2$$

$$R^2-2Rr+r^2+R^2=R^2+2Rr+r^2$$

$$R^2=4Rr$$

所以

$$\frac{R}{r}=\frac{4}{1} \qquad (\ \mathrm{A}\ )$$

19. 对什么样的 x 值,不等式 $x^2<|2x-8|$ 成立(　　).

A. $-2<x<4$　　B. $0<x<2$

C. $-4<x<2$　　D. $-4<x<4$

E. $x>4$

解　先考虑 $x^2=2x-8$(这只和 $2x-8\geqslant 0$、即 $x\geqslant 4$ 的部分有关). 由 $x^2=2x-8\Rightarrow x^2-2x+8=0$,但此方程无解. 对 $x<4$, $|2x-8|=8-2x$. 因此,为了在这一区域求出交点,需要解 $x^2=8-2x$,即 $x^2+2x-8=0$,亦即 $(x+4)(x-2)=0$. 其解为 $x=-4$ 和 $x=2$.

在图 12 中清楚地看出当 $-4<x<2$ 时,有 $x^2<|2x-8|$.　　(C)

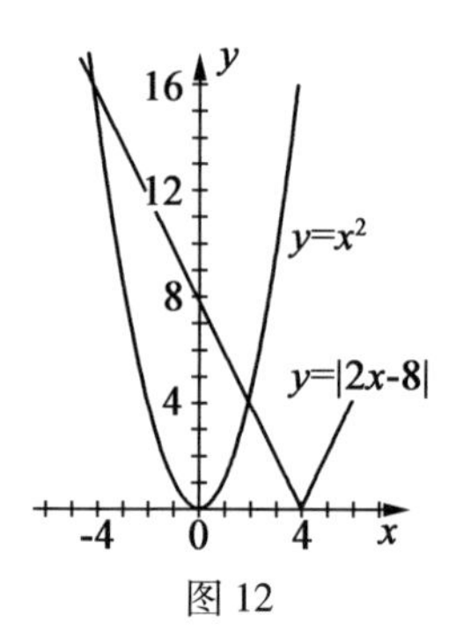

图 12

20. 两列火车各自等速行驶. 较慢的一列车行驶 4 km 要比较快的车多用 15 s. 在 15 min 内慢车比快车少行驶 1 km. 那么快车的速度是(　　).

A. 40 km/h　　B. 44 km/h　　C. 48 km/h

D. 60 km/h　　E. 64 km/h

解　设较快的车速为 x km/h, 较慢的车速为 y km/h. 也可分别为$\frac{x}{60}$km/min 和$\frac{y}{60}$km/min. 这样快车用$\frac{60}{x}$min 行驶 1 km, 用 $4\left(\frac{60}{x}\right)$min 行驶 4 km. 慢车用 $4\left(\frac{60}{y}\right)$ min 行驶 4 km. 因此有

$$\frac{240}{x}+\frac{1}{4}=\frac{240}{y} \tag{1}$$

在 15 min 内它们分别走了 $\left(15\times\frac{x}{60}\right)$km 和 $\left(15\times\frac{y}{60}\right)$km. 因此

$$\frac{x}{4}=\frac{y}{4}+1 \tag{2}$$

由(2)得 $x=y+4$ 或 $y=x-4$.

代入(1)得

$$\frac{240}{x}+\frac{1}{4}=\frac{240}{x-4}$$

将每项都乘以 $4x(x-4)$ 得

$$960(x-4)+x(x-4)=960x$$

即

$$x^2-4x-3\,840=0$$

$$(x-64)(x+60)=0$$

因为 x 必须为正,故 $x=64$.　　　　(　E　)

21. 设 $f(x)=px^7+qx^3+rx-4$,已知 $f(-7)=3$,则 $f(7)$ 的值为(　　).

A. -11　　　B. -3　　　C. 10

D. 17　　　E. 不能确定

解　我们有

$$f(-7)=p(-7)^7+q(-7)^3+r(-7)-4=3$$

因此

$$-p(7)^7-q(7^3)-r(7)-4=3$$

所以

$$p(7)^7+q(7)^3+r(7)+4=-3$$

即

$$p(7)^7+q(7)^3+r(7)-4=-3-8=-11$$

亦即 $f(7)=-11$.　　　　(　A　)

22. 在编一本书的页码时,用了642个数字,该书有多少页?(　　).

A. 251 页　　B. 244 页　　C. 247 页

D. 250 页　　E. 253 页

解　编到页码9时用了9个数字,从10编到99又用了$90\times2=180$个数字. 因此编到99页时共用了$9+180=189$个数字,三位数的页码用的数字为$642-189=453$. 所以在第99页后必有$\frac{453}{3}=151$页. 因此该书的页数为$99+151=250$.　　(D)

23. 如图13由四条半圆弧做成一图形. 若$PR=12$,$QS=6$,则所围出的面积为(　　).

A. 81π　　B. 36π　　C. 18π

D. 9π　　E. 54π

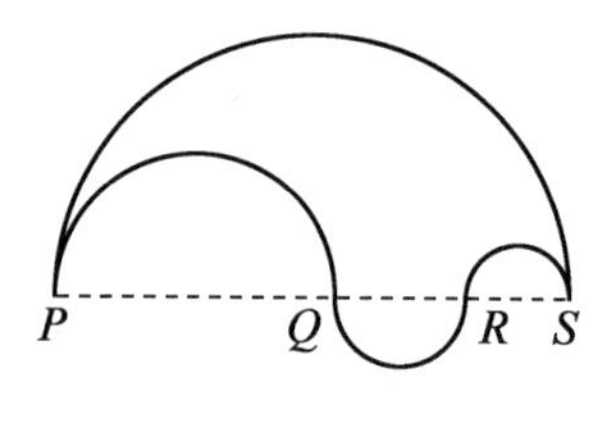

图13

解法1　如图14,令$QR=x$. 那么,以PQ为直径的半圆的面积为$\frac{\pi}{2}\left(\frac{12-x}{2}\right)^2$.

以QR为直径的半圆的面积为$\frac{\pi}{2}\left(\frac{x}{2}\right)^2$.

以RS为直径的半圆的面积为$\frac{\pi}{2}\left(\frac{6-x}{2}\right)^2$.

以PS为直径的半圆的面积为$\frac{\pi}{2}\left(\frac{12+6-x}{2}\right)^2$.

于是总面积等于

$$\frac{\pi}{8}[(18-x)^2-(12-x)^2+x^2-(6-x)^2]$$

$$=\frac{\pi}{8}[324-36x+x^2-144+24x-x^2+x^2-36+12x-x^2]$$

$$=\frac{\pi}{8}[324-144-36]=\frac{\pi}{8}\times 144=18\pi$$

（　C　）

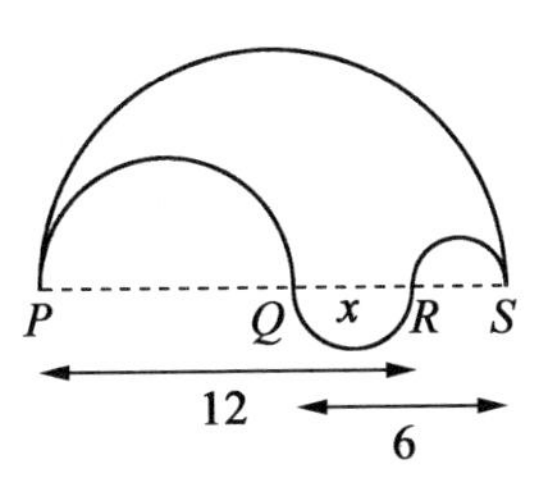

图14

解法2　考虑 $QR=0$ 的极限情形. 此时 $PQ=12$，$SR=SQ-RQ$，且 $PS=18$. 于是所围出的面积为

$$\frac{\pi}{2}\left(\frac{18}{2}\right)^2-\frac{\pi}{2}\left(\frac{12}{2}\right)^2-\left(\frac{\pi}{2}\right)\left(\frac{6}{2}\right)^2=\frac{\pi}{2}[81-36-9]=18\pi$$

（　C　）

24. $1^3+2^3+3^3+4^3+\cdots+100^3$ 除以7，可得余数是（　　）.

A. 1　　B. 2　　C. 3

D. 4　　E. 5

解　任一数 x^3 可写为 $(a+7n)^3$，这里 n 是一整数，且 $a\in\{1,2,\cdots,7\}$. $(a+7n)^3=a^3+3a^2\times 7n+3a\times 7n^2+(7n)^3$. 所以它被7除的余数为{1,1,6,1,6,

$6,0\}$. 这些余数相加的和是 21,这等价于余数为 0. 于是

$$(1^3+\cdots+7^3),(8^3+\cdots+14^3),(15^3+\cdots+21^3),\cdots$$

中每个加式的余数都是 0. 因而

$$\begin{aligned}1^3+2^3+\cdots+100^3 = {} & (1^3+\cdots+7^3)+\\ & (8^3+\cdots+14^3)+\cdots+\\ & (92^3+\cdots+98^3)+\\ & 99^3+100^3\end{aligned}$$

的余数为 $0+0+\cdots+0+1+1=2$. (B)

25. 如图 15,$PQRS$ 是一矩形,其中 $PQ=2PS$. T 和 U 分别是 PS 和 PQ 的中点. QT 和 US 交于 V. $QRSV$ 的面积与 $\triangle PQT$ 的面积的比是( ).

A. 2 : 1 B. 8 : 3 C. 3 : 1

D. 10 : 3 E. 4 : 1

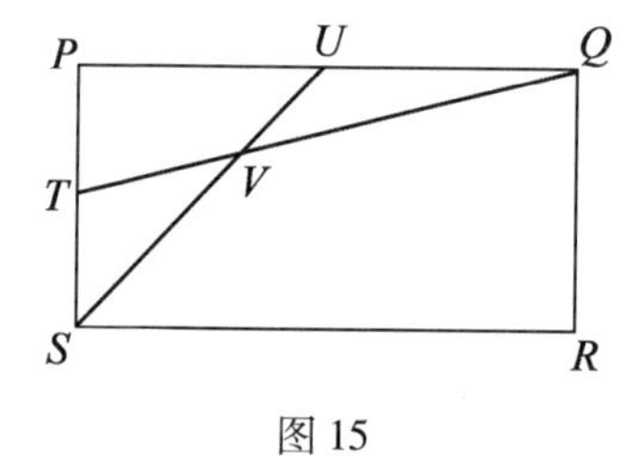

图 15

解法 1 V 是 $\triangle PQS$ 的重心,$\frac{VQ}{TQ}=\frac{2}{3}$.

因此

$$\frac{QRSV\text{ 的面积}}{\triangle PQT\text{ 的面积}}=\frac{\triangle QRS\text{ 的面积}+\triangle SVQ\text{ 的面积}}{\triangle PQT\text{ 的面积}}$$

$$=\frac{2}{1}+\frac{\triangle SVQ\text{ 的面积}}{\triangle STQ\text{ 的面积}}=\frac{8}{3}$$

(B)

解法 2　这个问题可用坐标几何的方法来解. 不失普遍性,假设 $S=(0,0)$, $P=(0,1)$, $R=(2,0)$, 等等. 那么, SU 是直线 $y=x$ 上的一部分, QT 是直线 $y=\frac{1}{2}+\frac{1}{4}x$ 上的一部分. 于是在点 V, $x=\frac{1}{2}+\frac{1}{4}x$, 即 $\frac{3}{4}x=\frac{1}{2}$, 亦即 $x=\frac{2}{3}$. 因此

$$\begin{aligned} QRSV\text{ 的面积} &= QRST\text{ 的面积} - \triangle TSV\text{ 的面积} \\ &= \frac{3}{4}\times 2-\frac{1}{2}\times\frac{1}{2}\times\frac{2}{3} \\ &= \frac{3}{2}-\frac{1}{6}=\frac{4}{3} \end{aligned}$$

由于 $\triangle PQT$ 的面积 $=\frac{1}{2}$, 故

$$\frac{QRSV\text{ 的面积}}{\triangle PQT\text{ 的面积}}=\frac{\frac{4}{3}}{\frac{1}{2}}=\frac{8}{3}$$

26. 边长为 1 的正八面体(图 16)被平行于它的一个面的平面所截. 该平面将它所交的边都分成长度比为 1∶2 的两部分. 则这个正八面体被平面截出的截面的面积为(　　).

A. $3\sqrt{3}$　　B. $\frac{1}{2}(1+2\sqrt{3})$　　C. $\frac{4}{3}\sqrt{3}$

D. $\frac{13}{36}\sqrt{3}$　　E. $\frac{1}{3}(1+2\sqrt{3})$

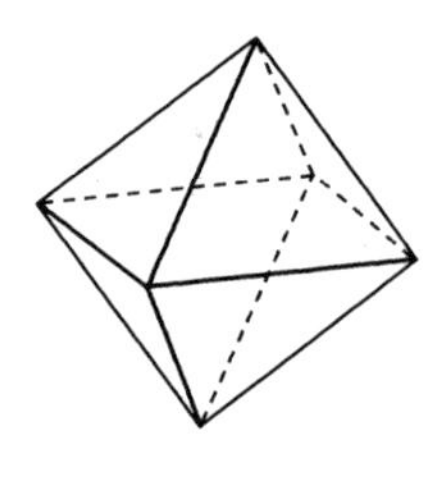

图 16

解 如图 17,该八面体的各面都是边长为 1 的等边三角形. 那个平面将和这些三角形中的六个相交,形成一个六边形,六边形中三条边(PU,TS 和 RQ)的长度为$\frac{2}{3}$(参见 $\triangle BPU$),另三边(PQ,UT 和 SR)的长度为$\frac{1}{3}$(参见 $\triangle APQ$).

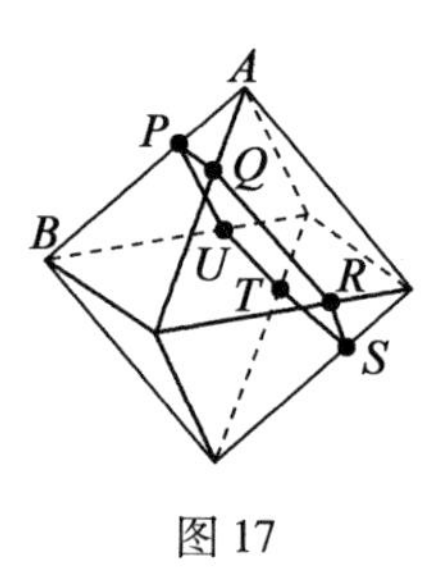

图 17

该六边形的面积等于一个边长为$\frac{4}{3}$的等边三角形的面积减去三个边长为$\frac{1}{3}$的等边三角形的面积. 即它的面积如图 18:

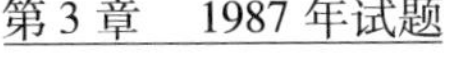

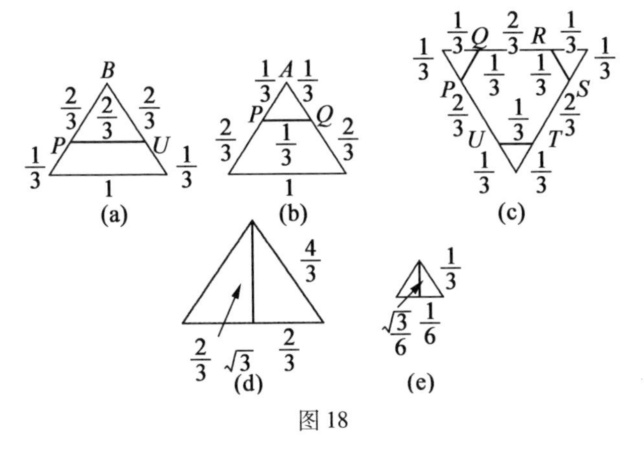

图 18

$$\frac{2}{3}\times\frac{2}{3}\sqrt{3}-3\times\frac{1}{6}\times\frac{1}{6}\sqrt{3}=\frac{4}{9}\sqrt{3}-\frac{1}{12}\sqrt{3}$$

$$=\frac{13}{36}\sqrt{3}\qquad\qquad(\quad D\quad)$$

27. 方程 $\sin x=\frac{x}{200}$ 的正根（不包括 0）的数目为（　　）.

A. 30　　　　B. 31　　　　C. 61

D. 62　　　　E. 63

解　该问题等价于对正的 x 求直线 $y=\frac{x}{200}$ 和曲线 $y=\sin x$ 的交点的数目. 直线 $y=\frac{x}{200}$ 将在 $x=200$ 时与直线 $y=1$（即正弦曲线的上界）相交. 我们知 $\frac{200}{\pi}\approx 200\times\frac{7}{22}=63\frac{7}{11}$. 因此 $63\pi<200<64\pi$，即直线 $y=\frac{x}{200}$ 将在使正弦函数取负值的 x 时与直线 $y=1$

相交(图 19):

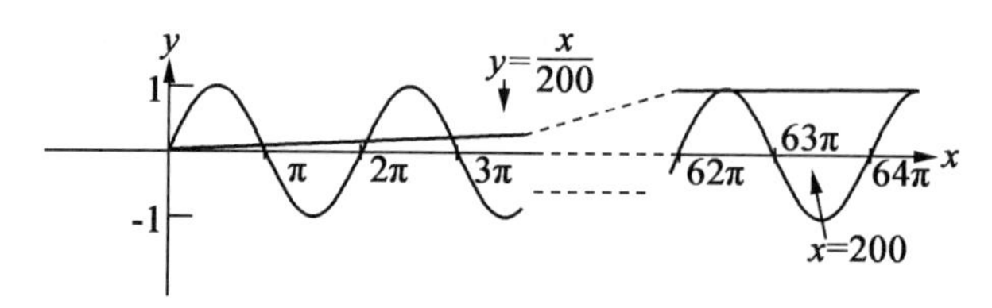

图 19

在 π 的左边(含 π)有 1 个交点,在 3π 的左边(含 3π)有 3 个交点,…… 在 63π 的左边(含 63π)有 63 个交点. (E)

28. 如图 20 所示,那个最大的圆的半径是 r. 图中阴影部分的面积等于( ).

A. $\frac{1}{2}\pi r^2$ B. $(\pi-2)r^2$ C. $2r^2$

D. $(4-\pi)r^2$ E. $\sqrt{2}r^2$

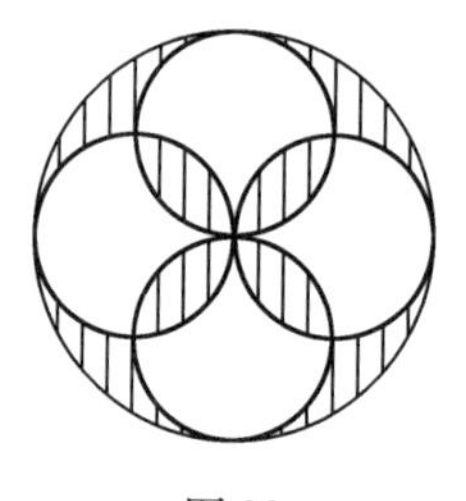

图 20

解法 1 如图 21,在这个图中

阴影部分的面积 = 扇形面积 - 三角形面积

$$=\frac{1}{2}\left(\frac{r}{2}\right)^2\frac{\pi}{2}-\frac{1}{2}\left(\frac{r}{2}\right)^2$$

$$=\frac{r^2}{8}\left(\frac{\pi}{2}-1\right)$$

因此,这两个圆相重合部分的面积为

$$2\times\frac{r^2}{8}\left(\frac{\pi}{2}-1\right)=\frac{r^2}{4}\left(\frac{\pi}{2}-1\right)$$

在题目给定的图20上一个图形中四个小圆的并的总面积 =（四个圆的面积的和）-4(两圆相重叠部分的面积）$=4\left(\frac{\pi r^2}{4}\right)-4\left(\frac{\pi r^2}{8}-\frac{r^2}{4}\right)=\frac{\pi r^2}{2}+r^2$.

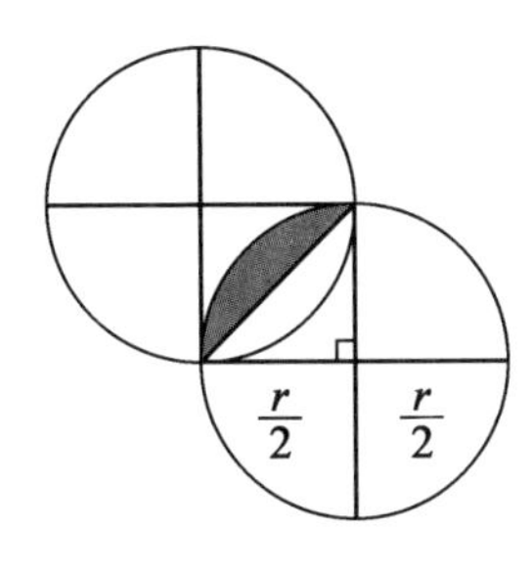

图21

因此,在给定图20中外侧的四个阴影区域的总面积为

（大圆的面积）-（四个小圆的重叠的面积）

$$=\pi r^2-\left(\frac{\pi r^2}{2}+r^2\right)=\frac{\pi r^2}{2}-r^2$$

阴影区域的总面积 $=\frac{\pi r^2}{2}-r^2+4\left(\frac{\pi r^2}{8}-\frac{r^2}{4}\right)$

$$=(\pi-2)r^2$$　　　（　B　）

解法2　利用各种作图方法可缩短求解过程. 例如图22,作正方形 $PQRS$,$PTUV$ 和 $WXYZ$. 因此

所求面积 =（大圆的面积）-4(图中阴影部分的面积）

=（大圆的面积）-4(正方形 $PQRS$ 的面积）

$=$(大圆的面积)-4(正方形 $PTUV$ 的面积)

$=$(大圆的面积)$-\frac{1}{2}$(正方形 $WXYZ$ 的面积)

$= \pi r^2 - \frac{1}{2}(2r)^2 = (\pi - 2)r^2$　　(B)

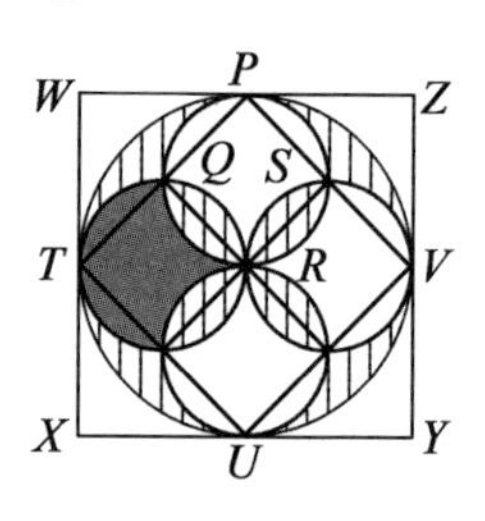

图 22

29. 阿克曼(Ackermann)函数对于非负整数 n,k 定义如下

$$f(0,n) = n+1$$
$$f(k,0) = f(k-1,1)$$
$$f(k+1,n+1) = f(k,f(k+1,n))$$

试计算 $f(2,2)$ 的值为(　　).

A. 6　　B. 11　　C. 5

D. 9　　E. 7

解　$f(1,n) = f(0,f(1,n-1)) = f(1,n-1)+1$

所以

$$f(1,1) = f(1,0)+1 = f(0,1)+1 = 3$$
$$f(1,2) = f(1,1)+1 = 4$$
$$f(1,3) = f(1,2)+1 = 5$$
$$\vdots$$
$$f(1,n) = f(1,n-1)+1 = n+2$$

于是

$$
\begin{aligned}
f(2,2) &= f(1,f(2,1)) \\
&= f(2,1)+2 \\
&= f(1,f(2,0))+2 \\
&= f(2,0)+2+2 \\
&= f(1,1)+4 \\
&= 3+4 \\
&= 7
\end{aligned}
$$

（　E　）

注　阿克曼(Acdermann)函数在可计算性理论中是很重要的,它是最著名的图灵(Turing)可计的和可递归定义的,但不是本原递归的一个函数.如果你想把这些概念搞清楚,可以去读一读亨尼(Hennie)写的《可计算性引论》(*Introduction to Computability*),这是一本很好的参考书.

第 4 章　1988 年试题

1. 化简 $3x-4x-(4x-7y)$ 应得到(　　).

A. $x-11y$　　B. $3y-x$　　C. $3x-y$

D. $-x-3y$　　E. $-x-11y$

解　$3x-4y-(4x-7y)=3x-4y-4x+7y=3y-x$.　　(B)

2. $\frac{1}{2}+\frac{3}{4}+\frac{7}{8}+\frac{15}{16}$ 的值是(　　).

A. $\frac{26}{30}$　　B. $\frac{49}{16}$　　C. $\frac{31}{32}$

D. $\frac{129}{128}$　　E. $\frac{315}{1\ 024}$

解　$\frac{1}{2}+\frac{3}{4}+\frac{7}{8}+\frac{15}{16}=\frac{1}{16}(8+12+14+15)=\frac{49}{16}$.　　(B)

3. 设 $a=7,b=-\frac{1}{3},c=\frac{2}{3}$, 则 $\frac{a+b^2}{c}$ 的值是(　　).

A. $10\frac{2}{3}$　　B. $10\frac{1}{3}$　　C. $\frac{128}{27}$

D. 11　　E. 10

解　若 $a=7,b=-\frac{1}{3},c=\frac{2}{3}$,则

$$\frac{a+b^2}{c}=\frac{7+\left(-\frac{1}{3}\right)^2}{\frac{2}{3}}=\frac{3}{2}\times 7\frac{1}{9}$$

$$=\frac{3}{2}\times\frac{64}{9}=\frac{32}{3}=10\frac{2}{3}$$　　（　A　）

4. 如果 $P=\sqrt{\frac{1}{5}(2R-V)}$，那么当 $P=1$ 和 $V=0$ 时，R 等于（　　）.

A. 50　　B. $2\frac{1}{2}$　　C. $12\frac{1}{2}$

D. 5　　E. 25

解　如果 $P=\sqrt{\frac{1}{5}(2R-V)}$，则 $P^2=\frac{1}{5}(2R-V)$，即 $2R=5P^2+V$，$R=\frac{1}{2}(5P^2+V)$. 当 $P=1$ 和 $V=0$ 时，$R=\frac{5}{2}=2\frac{1}{2}$.　　（　B　）

5. 若 $\frac{3}{2-\frac{x}{2}}=2$，则 x 等于（　　）.

A. 3　　B. 1　　C. -1

D. -2　　E. $\frac{1}{2}$

解　我们有 $\frac{3}{2-\frac{x}{2}}=2$. 于是 $3=2\left(2-\frac{x}{2}\right)$，即 $3=4-x$，故 $x=1$.　　（　B　）

6. 图1中的曲线可能是下列哪个方程的图像

(　　).

A. $y=x^2+4$　　B. $y=x^2-2x$　　C. $y=x^2+4x$

D. $y=(x-2)^2$　　E. $y=(x+2)^2$

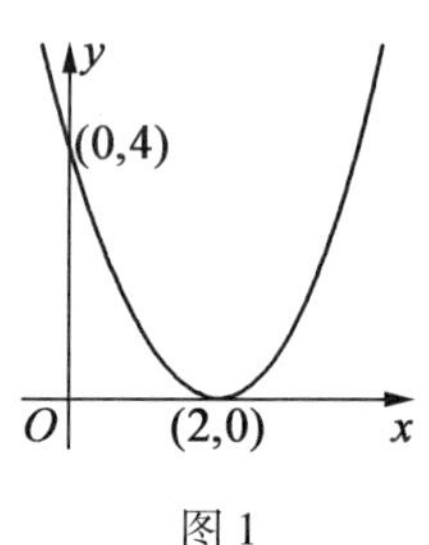

图 1

解　在所提供的五种选择中,只有选项 B 和 D 给了当 $x=2$ 时 $y=0$ 的结论. 而对于选项 B,当 $x=0$ 时 $y=0$. 所以只剩下选项 D,此时当 $x=0$ 时 $y=(0-2)^2=4$,符合要求.　　(　D　)

7. 奥克兰(Auckland)(新西兰)时间比珀斯(Perth)(澳大利亚)时间快 4 h. 有一架飞机上午 10 时(当地时间)离开奥克兰,并于同日下午 1 点钟(当地时间)到达珀斯. 这次飞行实际用了几个小时?(　　).

A. 5 h　　B. 6 h　　C. 2 h

D. 7 h　　E. 3 h

解　如果飞机在上午 10 时(当地时间)离开奥克兰,那么按珀斯时间是上午 6 时从奥克兰起飞的. 如果飞机在下午 1 时(当地时间)到达珀斯,则飞行时间为 7 h.　　(　D　)

8. 不等式$\frac{1-3x}{2}\geqslant 1\frac{1}{2}$的解是(　　).

A. $x \geqslant -\frac{5}{3}$　　B. $x \leqslant -\frac{2}{3}$　　C. $x \leqslant -\frac{1}{6}$

D. $x \geqslant -\frac{2}{3}$　　E. $x \leqslant -\frac{4}{3}$

解　若$\frac{1}{2}(1-3x) \geqslant 1\frac{1}{2}$,则$1-3x \geqslant 2(1\frac{1}{2})=3$,即$3x \leqslant -2$,故$x \leqslant -\frac{2}{3}$.　　(　B　)

9. 如图2,给定圆心为O的圆.PQ是圆上一弦,R是大弧上一点.若$\angle OPR=5°$,$\angle OQP=40°$,那么x的值是(　　).

A. 30　　B. 35　　C. 40

D. 45　　E. 50

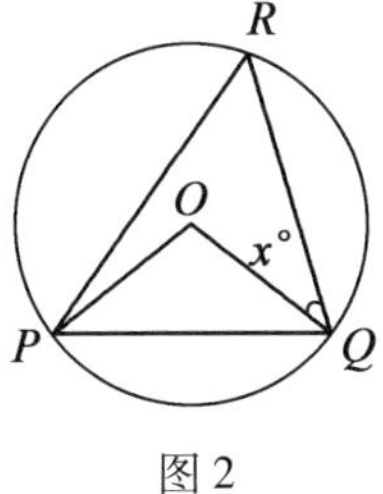

图2

解　如图3,作直线OR,则$\triangle OPQ$,$\triangle OQR$和$\triangle ORP$都是等腰三角形;所以$\angle OPQ=40°$,$\angle ORQ=x°$且$\angle ORP=5°$.由于$\triangle PQR$的三内角和必为$180°$,我们有$2(40+5+x)=180$,即$x=45$.　　(　D　)

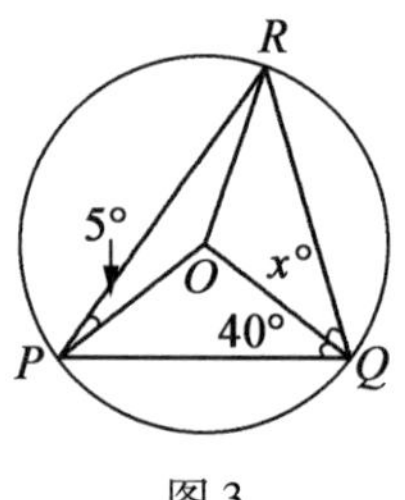

图3

10. 在一个家庭的孩子间,每个男孩子的姐妹数和兄弟数都是相同的,而每个女孩子的姐妹数是其兄弟数的一半. 那么,这个家庭的孩子数是(　　).

A. 7 个　　B. 5 个　　C. 6 个

D. 4 个　　E. 9 个

解　设男孩子的数目为 x,女孩子的数目为 y. 于是有

$$x-1=y \qquad (1)$$

和

$$\frac{x}{2}=y-1 \qquad (2)$$

将(1)代入(2)得出 $\frac{x}{2}=x-1-1$,即 $x=2x-4$,得 $x=4$,再从(1)得 $y=3$. 故 $x+y=7$.　(A)

11. 若 m 是 15 和 30 之间的数,n 是 3 和 8 之间的数. 则 $\frac{m}{n}$ 是在哪两个数之间的数?(　　).

A. $\frac{8}{15}$ 和 5　　B. $1\frac{7}{8}$ 和 10　　C. $3\frac{3}{4}$ 和 10

D. 5 和 10　　E. $3\frac{3}{4}$ 和 15

解　$\frac{m}{n}$可取的最小值是$\frac{最小的 m}{最大的 n}$,即$\frac{15}{8}$或$1\frac{7}{8}$.

$\frac{m}{n}$可取的最大值是$\frac{最大的 m}{最小的 n}$,即$\frac{30}{3}$或 10.

(B)

12. 如果 $x^{0.3}=10$,则 $x^{0.4}$ 等于(　　).

A. 12　　B. $13\frac{1}{3}$　　C. $\sqrt[3]{10\ 000}$

D. $\sqrt[4]{1\ 000}$　　E. 1 025

解　若 $x^{0.3}=10$,则 $x^{0.4}=x^{(0.3)(\frac{4}{3})}=(x^{0.3})^{\frac{4}{3}}=10^{\frac{4}{3}}=(10^4)^{\frac{1}{3}}=(10\ 000)^{\frac{1}{3}}=\sqrt[3]{10\ 000}$.　(C)

13. 如图 4,有四条直线互相相交. $x+y+z+w$ 的值是(　　).

A. 360　　B. 450　　C. 540

D. 630　　E. 720

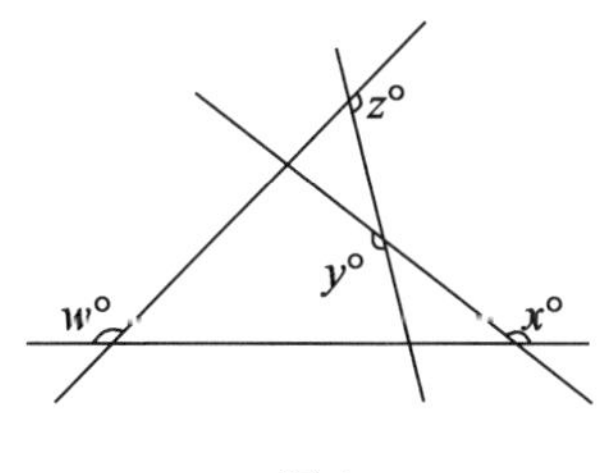

图 4

解　如图 5,在图形上作标记,由此可见 $p=180-z$,$q=180-y$. 于是

$$t=p+q=(180-z)+(180-y)=360-z-y$$

类似地

$$u=q+r=(180-y)+(180-x)=360-y-x$$

一个四边形的内角和等于360°. 于是

$$(180-w)+t+y+u=360$$

即

$$180-w+360-z-y+y+360-y-x=360$$

亦即 $x+y+z+w=540$. (C)

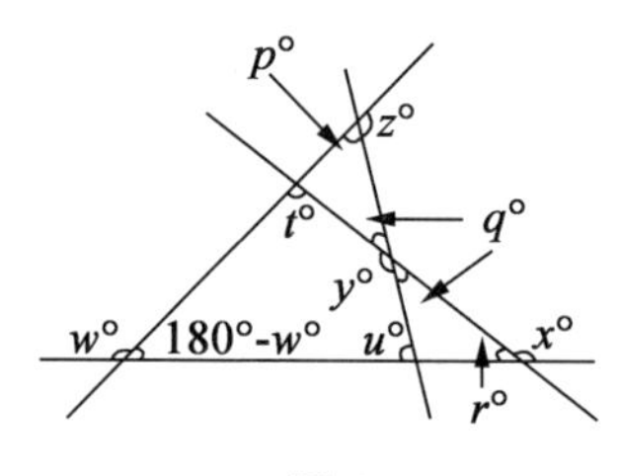

图5

14. $2^{\log_a a^5}$ 的值是( ).

A. $2a^5$ B. 2^{a^5} C. 5^a

D. 2^5 E. 5^2

解 由于对任意的 a,有 $\log_a a=1$,所以 $2^{\log_a a^5}=2^{5\log_a a}=2^5$. (D)

15. 已知 $\alpha=\dfrac{-1+\sqrt{5}}{2}$ 和 $\beta=\dfrac{-1-\sqrt{5}}{2}$, 则 $\alpha^2+\beta^2$ 等于( ).

A. 3 B. 5 C. 1

D. $\dfrac{1}{4}$ E. 4

解法1 $\alpha^2+\beta^2=\dfrac{1-2\sqrt{5}+5}{4}+\dfrac{1+2\sqrt{5}+5}{4}=3.$

(A)

解法2 $\alpha^2+\beta^2=(\alpha+\beta)^2-2\alpha\beta=1+2=3.$

16. 设 p 和 q 是正整数,且 $p+q<10$. 乘积 pq 可取多少个不同的值?(　　).

A. 36　　B. 20　　C. 12

D. 15　　E. 16

解法 1　(列举法) 由于对称性,我们只需考虑图 6 所示乘法表中对角线以下的部分. 去掉重复的数,剩下的数为 $20-4=16$.　　(　E　)

1	2	3	4	5	6	7	8
2	4	6	8	10	12	14	
3	6	9	12	15	18		
4	8	12	16	20			
5	10	15	20				
6	12	18					
7	14						
8							

图 6

解法 2　乘积 pq 中最大可能的值是 $5\times4=20$. 只要把 8 和 20 之间的质数去掉即可,即去掉 11,13,17 和 19,于是我们有 $20-4=16$ 种可取的值.

17. 图 7 所代表的是(　　).

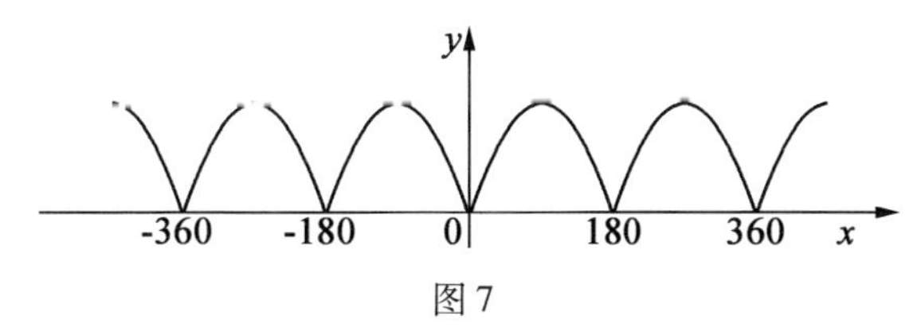

图 7

A. $y=\sin|x|$　　B. $y=1-|\cos x|$

C. $|y|=|\sin x|$　　D. $|y|=\sin x$

E. $y=|\sin x|$

解　选项 A 是不可能的,因为它会给出负的 y 值.

选项 C 和 D 也不可能,因为对每个有效的 y 值, $-y$ 也应该是有效的. 要排除选项 B 比较困难,不过它的图形可按下列步骤画出(图 8)(因此可以排除在外):

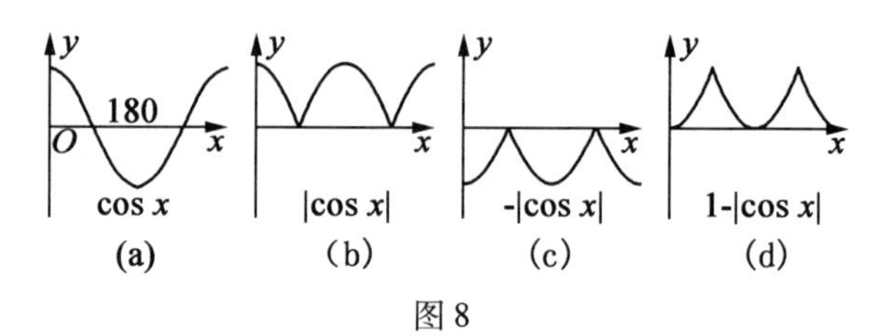

图 8

实际上选项 E 是解. (E)

18. 一台计算机被编程用于搜索计数用的数所含的数字个数. 例如,当它搜索了

1 2 3 4 5 6 7 8 9 10 11 12

后,它已搜索了 15 个数字. 当计算机开始这一任务并搜索到前 1 788 个数字,那么它搜索的最后一个计数用的数是( ).

A. 533 B. 632 C. 645

D. 1 599 E. 1 689

解 我们可按表 1 计算数字的个数:

表 1

整数	数字个数	全部数字个数	搜索到的数字个数
1 ~ 9	1	9	9
10 ~ 99	2	$90 \times 2 = 180$	189

于是搜索到 99 这个数时,所余的数字个数为 $1\ 788 - 189 = 1\ 599$. 因 $1\ 599 = 3 \times 533$,所以计算机已搜索到

的整数为 $99+533$,即632.　　(B)

19. 直线 $y=2x+3$ 关于直线 $y=x+1$ 作反射,经反射所得直线的方程为(　　).

A. $2x-y=0$　　B. $x-2y+1=0$

C. $x-2y=0$　　D. $x-2y-2=0$

E. $x-y+1=0$

解　如图9,直线 $y=2x+3$ 和 $y=x+1$ 交于 $(-2,-1)$. 因为我们做的是关于斜率为1的直线的反射,所以我们知道若 $(0,3)$ 在直线 $y=2x+3$ 上,那么 $(2,1)$ 就在经反射后的直线上,于是经反射后的直线的斜率为 $\frac{1}{2}$. 由此可知反射后的直线方程是 $y+1=\frac{1}{2}(x+2)$,即 $y=\frac{1}{2}x$,亦即 $x-2y=0$.　　(C)

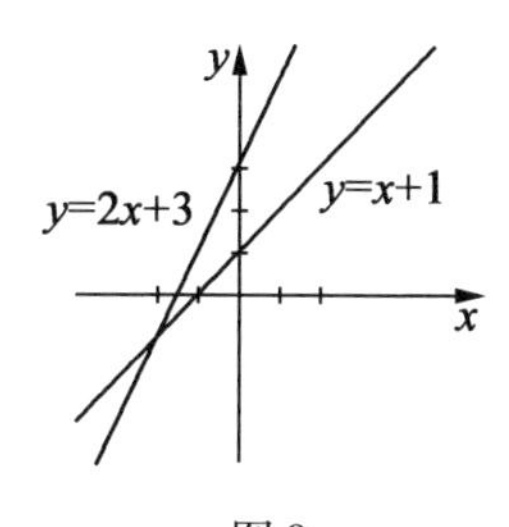

图9

20. 如图10,在 $\triangle PQR$ 中,S 是 PQ 上的一点. $PR=35$,$PS=11$ 且 $RQ=RS=31$. 则 $SQ=$ 长度为(　　).

A. 10　　B. 11　　C. 12

D. 13　　E. 14

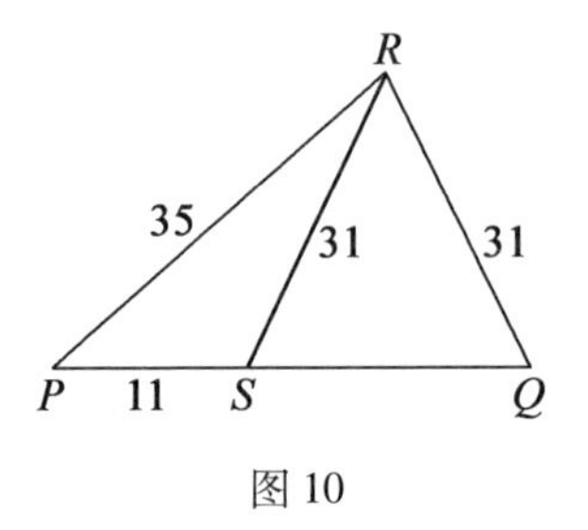

图 10

解法 1　如图 11,在等腰 $\triangle RQS$ 中,令 T 是从 R 向 PQ 作垂线的垂足,令 $x = ST = TQ$ 而 $y = RT$. 那么,应用毕达哥拉斯定理于 $\triangle PRT$ 和 $\triangle SRT$,我们得到

$$y^2 + (11 + x)^2 = 35^2 \tag{1}$$

$$y^2 + x^2 = 31^2 \tag{2}$$

式(1) - (2),我们发现

$$11 \times 2x + 11^2 = 35^2 - 31^2 = (35 - 31)(35 + 31) = 264 = 24 \times 11$$

因此

$$SQ = 2x = \frac{24 \times 11 - 11^2}{11} = 24 - 11 = 13$$

(D)

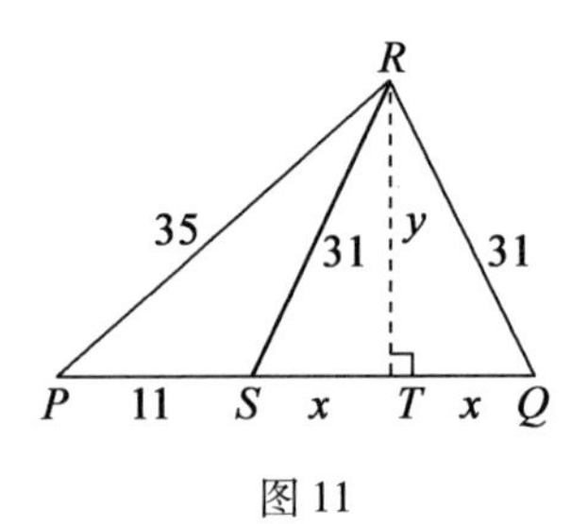

图 11

解法 2　对 $\triangle PRS$ 应用余弦定理,我们有

$$\cos\angle RPS = \frac{35^2 + 11^2 - 31^2}{2 \times 35 \times 11} = \frac{1}{2}$$

因此，$\angle RPS = 60°$.

然后注意

$$PT = PR\cos\angle TPR = 35 \times \frac{1}{2} = 17\frac{1}{2}$$

于是有

$$SQ = 2ST = 2 \times (17\frac{1}{2} - 11) = 2 \times 6\frac{1}{2} = 13$$

（ D ）

21. 若 $x = \sin t$ 和 $y = \sin 3t$，其中 t 为任意实数，则使 $y = 0$ 的不同的数对 (x,y) 的数目为（　　）.

A. 5　　B. 6　　C. 3

D. 4　　E. 无穷

解　我们可以这样推导

$$\begin{aligned} y &= \sin 3t = \sin(2t + t) \\ &= \sin 2t\cos t + \cos 2t\sin t \\ &= 2\sin t\cos^2 t + (1 - 2\sin^2 t)\sin t \\ &= 2\sin t(1 - \sin^2 t) + \sin t - 2\sin^3 t \\ &= 3\sin t - 4\sin^3 t \\ &= 3x - 4x^3 \\ &= x(3 - 4x^2) \end{aligned}$$

因此，当 $x(3 - 4x^2) = 0$ 时 $y = 0$，而方程 $x(3 - 4x^2) = 0$ 有三个解，即 $x = 0, x = \pm\frac{1}{2}\sqrt{3}$.　　（ C ）

22. 梅布尔（Mabel）掷两枚骰子（每枚上的点数都是后 1 到 6），一枚是红色的，一枚是白色的. 红色的（按点数）胜过白色的概率是（　　）.

A. $\frac{1}{2}$　　B. $\frac{1}{6}$　　C. $\frac{5}{12}$

D. $\frac{5}{6}$　　E. $\frac{1}{3}$

解　出现点数相等的概率是$\frac{1}{6}$. 因此,点数不同的概率是$\frac{5}{6}$. 红色赢的概率(由于对称性)是$\frac{1}{2}\times\frac{5}{6}=\frac{5}{12}$.　　(C)

23. 如图 12 所示,正方形的顶点为$(x,0)$,$(0,y)$,(a,b)和(c,d). 若$a+b=19$,$c+d=14$,则$x+y$等于(　　).

A. 11　　B. 9　　C. 17

D. 15　　E. 13

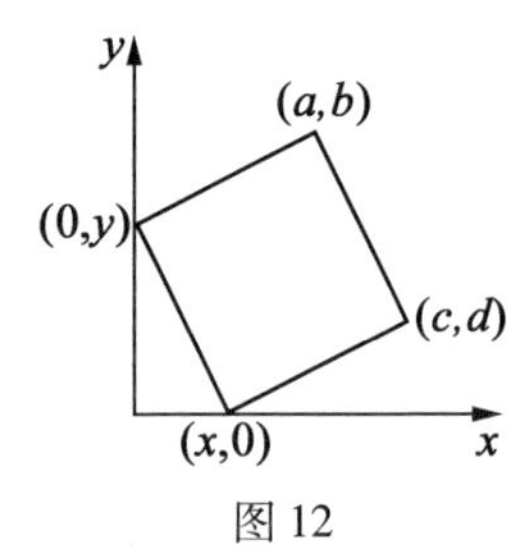

图 12

解　如图 13,由于$\triangle OPQ$,$\triangle TSP$和$\triangle UQR$两两全等,查得$PT=UR=OQ=y$,$ST=UQ=x$. 因此,$a=y$,$b=x+y=c$且$d=x$. 所以由$19=a+b=x+2y$和$14=c+d=2x+y$,我们求得$3x+3y=19+14=33$,即$x+y=11$.　　(A)

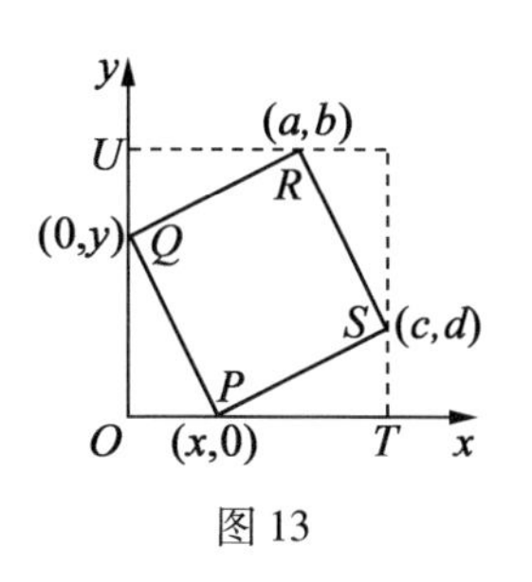

图 13

24. 将数 1,2,3,…,12 写成两列每列六行,使得两列之和彼此相等,每行之和也彼此相等. 设 8 出现在第一列,则第二列中偶数的个数必定是(　　).

A. 1　　　B. 2　　　C. 3

D. 4　　　E. 5

解　首先我们注意,由于 $1+2+3+\cdots+12=\frac{1}{2}\times12\times13=78$,故每列的和为 $\frac{78}{2}=39$,每行的和为 $\frac{78}{6}=13$. 进而,下行的数对必须出现在同一行中(它们的和为 13):(1,12),(2,11),(3,10),(4,9),(5,8)和(6,7). 在这些数对中数的差(绝对值)为 11,9,7,5,3,1. 所以为了保证两列的和相等,我们必须选取"+"和"-"号,使得

$$\pm11\pm9\pm7\pm5\pm3\pm1=0 \tag{1}$$

不失普遍性,假定取 11 的符号为负. 注意 $11+9+7+5+3+1=36$,在(1)中取负号的数之和应为 18,为此,仅有的可能是在(1)将 7 取为负号,而令其他数都为正. 因此我们得到这样的行和列(图 14):

1	11	3	9	8	7
12	2	10	4	5	6

图 14

除了将各行次序重新排列外,结果是唯一的. 其中第二列有 5 个偶数. (E)

25. 矩形 $PQRS$ 按图 15 的方式分成 9 个大小都不相同的正方形(注意这是示意图,未按比例画出). 所有正方形的边长都等于单位长的整数倍,其中最小的是个 2×2 的正方形. 次小的正方形的边长等于多少单位?( ).

A. 3　　B. 4　　C. 5

D. 6　　E. 7

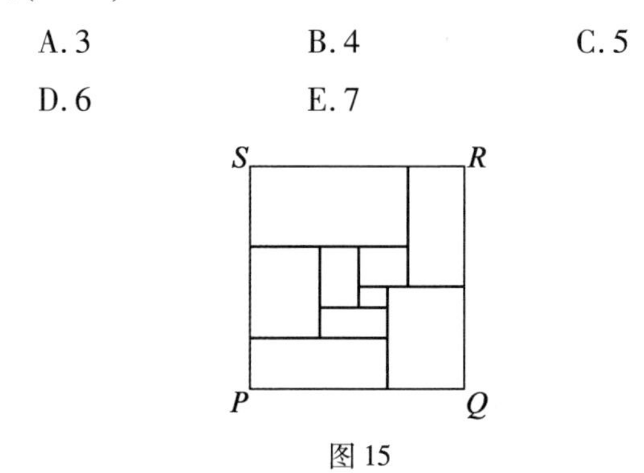

图 15

解　最小的和次小的正方形容易确认. 设 x 是次小正方形的边长. 从这两个正方形出发可以陆续求出其他正方形的边长. 如图 16 所示,一个合乎逻辑的边长的序列是

$$x+2,x+4,2x+6,3x+10$$

$$4x+16,4x+8,5x+8$$

由于 $PQ=RS$,可知

$$(3x+10)+(4x+16)=(4x+8)+(5x+8)$$

由此，推出 $x=5$. （ C ）

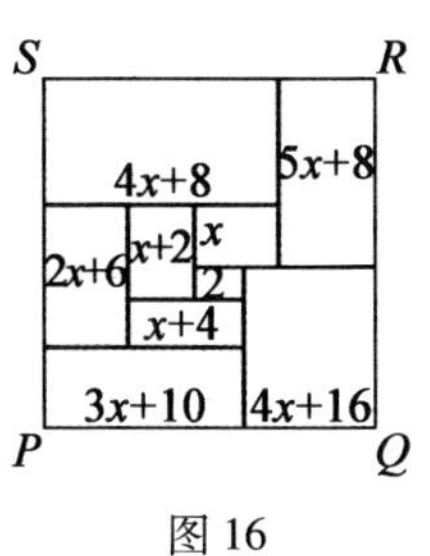

图 16

注　有兴趣的读者可以参考马丁·加德纳(Martin Gardner)的第二本《数学游戏与难题》(原载《科学美国人》杂志)，从中可了解到更多有关“化长方为正方”的信息.

26. 一个长方形盒子的三个面交于一公共点，即盒子的一个顶点. 这三个面的中心是一边长分别为4 cm，5 cm和6 cm的三角形的顶点. 则这个盒子的体积为(　　).

A. $45\sqrt{3}\,\text{cm}^3$　　B. $45\sqrt{6}\,\text{cm}^3$　　C. $90\sqrt{6}^{3}\,\text{cm}^3$

D. $125\ \text{cm}^3$　　E. $120\sqrt{2}\,\text{cm}^3$

解　如图 17，令该公共顶点为 P，盒子的边长分别为 $2x,2y$ 和 $2z$. 可以看出，$x^2+y^2=36$，$x^2+z^2=25$ 和 $y^2+z^2=16$，其解为 $x=\sqrt{\frac{45}{2}}$，$y=\sqrt{\frac{27}{2}}$，$z=\sqrt{\frac{5}{2}}$. 于是盒子的体积等于

$$8xyz=\frac{8\sqrt{9\times5}\sqrt{9\times3}\times\sqrt{5}}{2\sqrt{2}}=\frac{4\times45\times\sqrt{3}\times\sqrt{2}}{2}=90\sqrt{6}$$

（ C ）

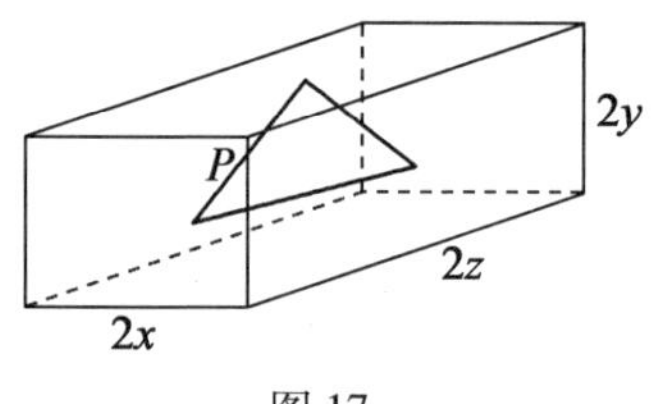

图 17

27. 我们定义 $n! = n(n-1)(n-2)\times\cdots\times 3\times 2\times 1$,例如 $4! = 4\times 3\times 2\times 1$. 试问使得 $n!$ 的最后 88 位数字全是 0 的最小的整数 n 是几?(　　).

A. 350　　B. 352　　C. 360

D. 365　　E. 440

解　0 是由 2 的倍数(它们很多)和 5 的倍数(相对较少)相乘而生成的. 考虑 100!,其中有 20 个是 5 的倍数,此外 25,50,75 和 100 还各多含一个 5,因此共有 24 个 5 的倍数,可以各得出一个 0. 考虑 200!. 我们可再得 24 个 5 的倍数,注意 125 也多含一个 5,总共可得出 $24+24+1=49$ 个 0. 若考虑 300!,我们又多了 24 个 5 的倍数,还要加上 250 中多含的一个 5,故它总共有 $49+24+1=74$ 个 0. 现在还差 14 个 0. 这可以从 5 的 12 倍($=60$)中产生 12 个 0,再从 325 和 350 各多含的 5 中各得出一个 0. 因此应取 n 为 $300+60=360$.

(　C　)

28. 如图 18,这是一件玻璃吹制艺术的杰作:一个完美的玻璃球面,球内有一立方体,其顶点恰好在包住它的球面上. 立方体内有一个较小的球,它恰好跟立方体的六个面相切. 试问中间小球的体积对外面大球的体积之比是多少?(　　).

A. $1:2\sqrt{2}$　　B. $1:3\sqrt{3}$　　C. $1:2$

D. $1:3$　　E. $1:\pi$

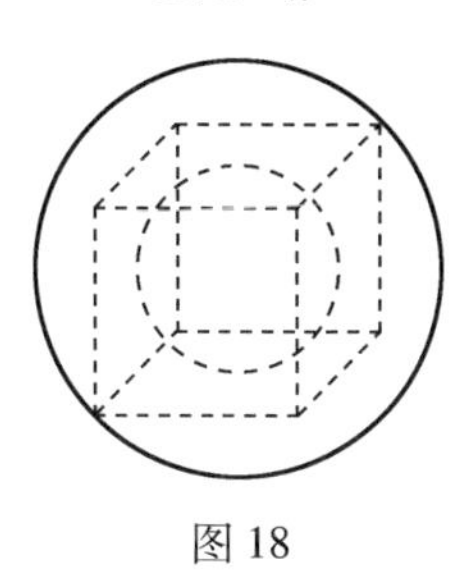

图 18

解　设立方体的边长为 2 单位长(即边长的一半为 1 单位). 于是较小的球的半径为 1 单位,较大的球的半径等于该立方体的中心到它的一个角的距离.

根据毕达哥拉斯定理,这段距离为$\sqrt{3}$单位长(图 19). 于是,较小的球的体积对较大的球的体积之比为 $\frac{4}{3}\pi 1^3:\frac{4}{3}\pi(\sqrt{3})^3$,即 $1:3\sqrt{3}$.　　(B)

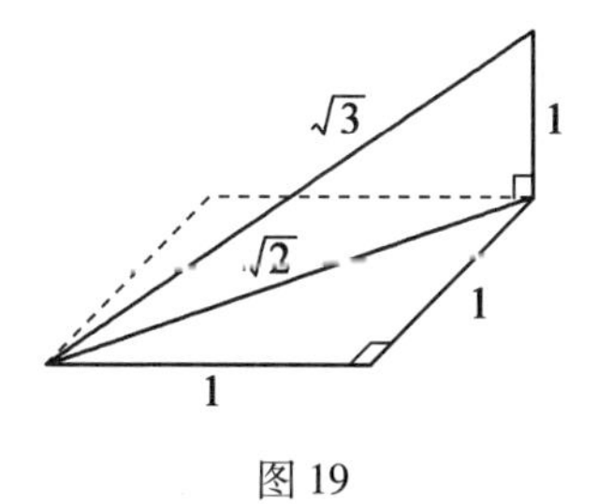

图 19

29. 若 $\sqrt[3]{n+\sqrt{n^2+8}}+\sqrt[3]{n-\sqrt{n^2+8}}=8$, 其中 n 是整数,则 n 是(　　).

A. 1　　B. -1　　C. 232

D. 280　　E. 不存在

解 设$a=\sqrt[3]{n+\sqrt{n^2+8}}$,$b=\sqrt[3]{n-\sqrt{n^2+8}}$.则

$$\begin{aligned}512=8^3&=(a+b)^3\\&=a^3+b^3+3ab(a+b)\\&=(n+\sqrt{n^2+8})+(n-\sqrt{n^2+8})+\\&\quad 3\sqrt[3]{(n+\sqrt{n^2+8})(n-\sqrt{n^2+8})}\times 8\\&=2n+24\sqrt[3]{-8}\\&=2n-48\end{aligned}$$

于是$n=\frac{1}{2}(512+48)=280$. (D)

30. 斯特凡妮(Stephanie)在商店里想买10分钱的巧克力,在她的钱包里有12枚硬币,1分、2分、5分和10分的各有3枚,她随机地从钱包中取出三枚硬币.她取出的硬币至少够付巧克力的钱的概率是多少?( ).

A. $\frac{31}{44}$　　B. $\frac{13}{20}$　　C. $\frac{13}{22}$

D. $\frac{20}{33}$　　E. $\frac{11}{16}$

解法1 一共有

$$\binom{12}{3}=\frac{12!}{(12-3)!3!}=\frac{12\times 11\times 10}{3\times 2\times 1}=220$$

种硬币的组合方法.很容易列举那些不合要求的组合,我们将它们列在表2中:

表2

不合要求的组合	出现的次数
1　1　1	1
1　1　2	$3\times3=9$
1　1　5	$3\times3=9$
1　2　2	$3\times3=9$
1　2　5	$3\times3\times3=27$
2　2　2	1
2　2　5	$3\times3=9$

由于不符合要求的组合的数目有$1+9+9+9+27+1+9=65$种，所以斯特凡妮取出的硬币至少够付巧克力钱的概率为$\frac{220-65}{220}=\frac{155}{220}=\frac{31}{44}$.　　　(A)

解法2　此问题可考虑为随机地且不计次序地从N个事物中选取n个对象的一个例子，此时N_1个属于类型Ⅰ，N_2个属于类型Ⅱ$(N_1+N_2=N;n\leqslant N)$. 根据组合理论（或超几何统计分布），选取n_1个Ⅰ型对象和n_2个Ⅱ型对象的概率为

$$\frac{\binom{N_1}{n_1}\binom{N_2}{n_2}}{\binom{N}{n}}$$

其中$n_1\geqslant 0,n_2\geqslant 0,n_1+n_2=n,n_1\leqslant N_1$且$n_2\leqslant N_2$.

现在若斯特凡妮选取了0或1枚5分硬币，及相应的3枚或两枚1分或2分币，她都不能买价值10分钱的

东西. 由于选 3 枚硬币有$\binom{13}{3}$种方式,斯特凡妮取出的硬币至少够 10 分钱的概率为

$$1-\frac{\binom{3}{0}\binom{6}{3}+\binom{3}{1}\binom{6}{2}}{\binom{12}{3}}=\frac{31}{44}$$

第5章　1989年试题

1. $(5x+2y)-(2x-5y)$ 等于(　　).

A. $3x+3y$　　B. $3x-3y$　　C. $3x-7y$

D. $2x+3y$　　E. $3x+7y$

解　$(5x+2y)-(2x-5y)=5x+2y-2x+5y=3x+7y$.　　(E)

2. 在图1中, PQ 平行于 RS. x 的值是(　　).

A. 144　　B. 128　　C. 72

D. 118　　E. 108

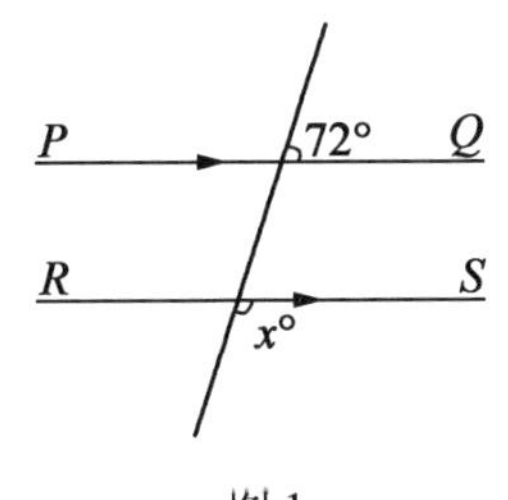

图1

解　$x=180-72=108$.　　(E)

3. $\frac{1}{a}+\frac{1}{b}+\frac{1}{c}$ 等于(　　).

A. $\frac{3}{a+b+c}$　　B. $\frac{a+b+c}{abc}$

C. $\frac{3(a+b+c)}{abc}$　　D. $\frac{ab+ac+bc}{abc}$

E. $\frac{3}{abc}$

解 在公分母下通分得 $\frac{1}{a}+\frac{1}{b}+\frac{1}{c}=\frac{bc+ac+ab}{abc}$. (D)

4. 若 $R=S=3.2$,则 $\frac{1}{R}+\frac{1}{S}$ 的值是( ).

A. $\frac{25}{16}$ B. $\frac{5}{2}$ C. $\frac{5}{4}$

D. $\frac{5}{8}$ E. $\frac{5}{16}$

解 $\frac{1}{R}+\frac{1}{S}$ 的值是 $\frac{1}{3.2}+\frac{1}{3.2}=\frac{2}{3.2}=\left(2\times\frac{5}{16}\right)=\frac{5}{8}$. (D)

5. 1987 年悉尼(Sydney)港大桥的摩托车通行费由 5 分增至 1 元,该费用增长的百分数是( ).

A. 95% B. 20% C. 100%

D. 1 900% E. 2 000%

解 增加了 95 分,增长的百分数为

$\frac{95}{5}\times 100\%=19\times 100\%=1\,900\%$ (D)

6. $\frac{1\,001^2-999^2}{101^2-99^2}$ 的值是( ).

A. 1 B. 10 C. 20

D. 40 E. 100

解 $\frac{1\,001^2-999^2}{101^2-99^2}=\frac{(1\,001+999)(1\,001-999)}{(101+99)(101-99)}$

$$=\frac{2\ 000\times 2}{200\times 2}=\frac{4\ 000}{400}=10$$

（　B　）

7. 如果 $R=2+\sqrt{\frac{T}{G}}$，则 T 等于（　　）.

A. $\left(\frac{R-2}{G}\right)^2$　　B. $G(R-2)^2$　　C. GR^2-4

D. $G(R^2-4)$　　E. $4(R^2-G)$

解　若 $R=2+\sqrt{\frac{T}{G}}$，则 $\sqrt{\frac{T}{G}}=R-2$，则 $\frac{T}{G}=(R-2)^2$，故得 $T=G(R-2)^2$.　　（　B　）

8. 如图2，一个区域由半径为10 cm的圆的一条半圆弧和两条 $\frac{1}{4}$ 弧所围成. 其面积是（　　）.

A. $100\ \text{cm}^2$　　B. $200\ \text{cm}^2$　　C. $100\pi\ \text{cm}^2$

D. $(50\pi+40)\text{cm}^2$　E. $(40\pi+50)\text{cm}^2$

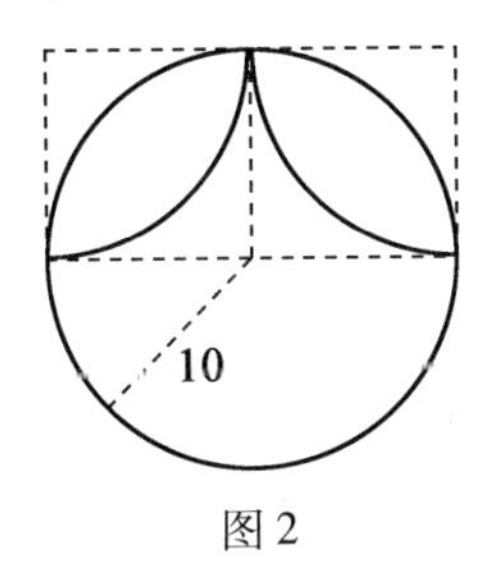

图2

解　该区域的面积正好是 20×10 的矩形的面积.

（　B　）

9. 点 $(-2,4)$ 是线段 PQ 的中点，点 P 的坐标是 $(2,-2)$. 则 Q 的坐标是（　　）.

A. $(0,1)$　　B. $(-6,6)$　　C. $(6,-6)$

D. $(-2,6)$ E. $(-6,10)$

解 令 Q 的坐标为 (x,y). 那么

$$(-2,4)=\frac{1}{2}((2,-2)+(x,y))$$

于是

$$\begin{aligned}(x,y)&=2(-2,4)-(2,-2)\\&=(-4,8)-(2,-2)=(-6,10)\end{aligned}$$

(E)

10. 如图 3,有一组舞蹈课的学生间隔相等地站成一个圆圈,然后从1开始依次报数. 第20名的学生正对着第53名的学生. 这群学生的总数是(　　).

A. 60 名　　B. 62 名　　C. 64 名

D. 66 名　　E. 68 名

解 注意,这群学生的数目必须是偶数,否则间隔相等站立的学生不可能直接相对. 第20名至53名学生之间共有32名学生. 所以这群学生的总数将是 $2\times32+2=66$.

(D)

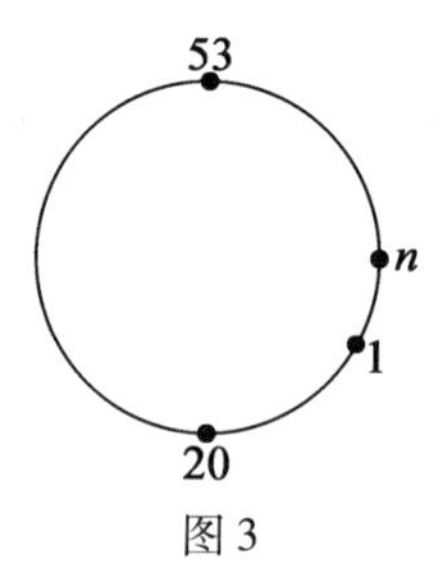

图 3

11. 阿摩司(Amos)的一只山羊用绳拴在一个矩形小屋的墙角处(图 4). 小屋长 9 m,宽 7 m,绳长 10 m. 小屋周围都是草地,山羊能吃到草的草地面积

为(　　).

A. $\frac{155\pi}{2}\text{m}^2$　　B. $\frac{229\pi}{4}\text{m}^2$　　C. $75\pi\ \text{m}^2$

D. $(160+\frac{5\pi}{2})\text{m}^2$　E. $\frac{309\pi}{4}\text{m}^2$

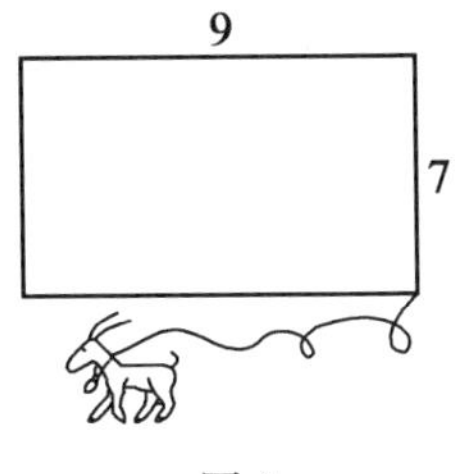

图4

解　如图5,令阿摩司把绳拉直,那么绳子扫过的面积为

$$\frac{3}{4}\pi\times 10^2+\frac{1}{4}\pi\times 1^2+\frac{1}{4}\pi\times 3^2$$

$$=\frac{1}{4}\pi\times 3\times 10^2+1^2+3^2)$$

$$=\frac{310}{4}\pi=\frac{155}{2}\pi$$

(　A　)

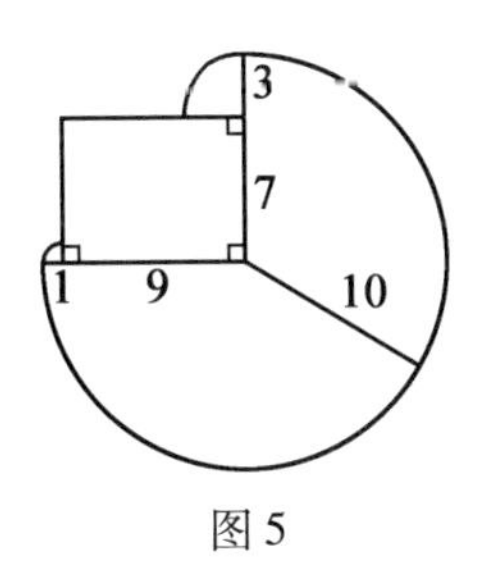

图5

12. 表达式$\frac{k}{3}(k+1)(k+2)+(k+1)(k+2)$等

于(　　).

A. $\frac{1}{6}(k+1)(k+3)(k+4)$

B. $\frac{1}{3}k(k+1)(k+2)$

C. $\frac{1}{3}(k+1)(k+2)(k+3)$

D. $\frac{2k}{3}(k+1)(k+2)$

E. $\frac{1}{4}(k+1)(2k+1)(3k+2)$

解　我们注意到

$$\frac{k}{3}(k+1)(k+2)+(k+1)(k+2)$$

$$=(k+1)(k+2)\left(\frac{k}{3}+1\right)$$

$$=\frac{1}{3}(k+1)(k+2)(k+3)$$　　　　(　C　)

13. 在图 6 中,三角形的边长分别为 8 cm,9 cm 和 13 cm. 三个圆的圆心是三角形的三个顶点,且三个圆相切. 最大圆的半径为(　　).

A. 6 cm　　B. 6.5 cm　　C. 7 cm

D. 7.5 cm　　E. 8 cm

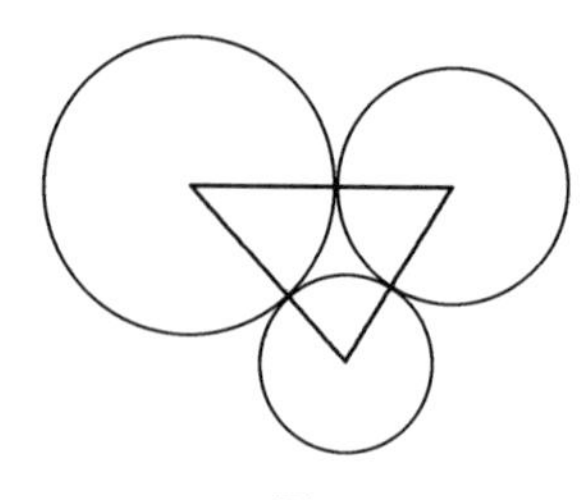

图 6

解　令三个圆的半径分别为x,y和z,其中z是所求的最大圆的半径(图7).那么

$$x+y=8 \tag{1}$$

$$x+z=9 \tag{2}$$

$$y+z=13 \tag{3}$$

由(2)-(1)可得

$$z-y=1 \tag{4}$$

由(3)+(4)可得$2z=14$,即$z=7$.　　(　C　)

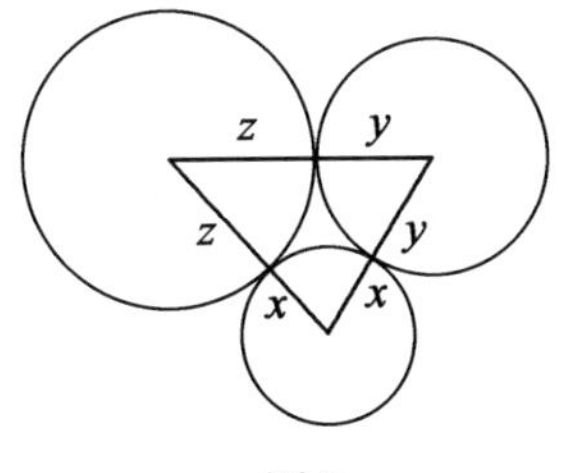

图7

14. 选取四个数a,b,c,d使得abc的立方根是4,且$abcd$的四次方根是$2\sqrt{10}$,则d的值是(　　).

A. 25　　B. 100　　C. 2 500

D. 320　　E. 5

解　由已知条件得$abc=64$和$abcd=1\ 600$,则$d=\frac{1\ 600}{64}=25$.　　(　A　)

15. 设$n\neq0$,则表达式$\sqrt[n]{\frac{20}{2^{2n+4}+2^{2n+2}}}$等于(　　).

A. $\frac{1}{2}\sqrt[n]{5}$　　B. $\frac{4}{n}$　　C. $\sqrt[n]{\frac{5}{2}}$

D. $\frac{1}{4}$　　　　E. $\frac{1}{4}\sqrt[n]{\frac{5}{2}}$

解　我们注意到

$$\sqrt[n]{\frac{20}{4^{n+2}+2^{2n+2}}}=\sqrt[n]{\frac{20}{2^{2(n+2)}+2^{2n+2}}}$$

$$=\sqrt[n]{\frac{20}{2^{2n}(2^4+2^2)}}=\frac{1}{2^2}=\frac{1}{4}$$

(D)

16. 如图 8 所示,正方形的两个顶点位于圆上,另两个顶点位于圆的一条切线上. 该正方形的面积对此圆的面积的比为(　　).

A. $5\pi:8$　　B. $64:25\pi$　　C. $8:5\pi$

D. $5:3\pi$　　E. $25:9\pi$

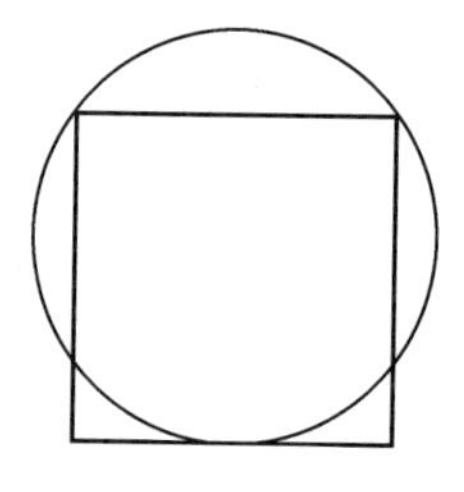

图 8

解　令 O 为该圆的圆心,点 P,Q 和 R 分别为圆与正方形相触的点,S 是 PQ 的中点. 如图 9,作直线 OP,OQ,OR 和 OS(后者是 RO 的延长). 同时,令 x 为正方形的边长,r 为圆的半径. 若考虑 $\mathrm{Rt}\triangle OSQ$,可知 OS 的长度为 $x-r$,于是根据毕达哥拉斯定理

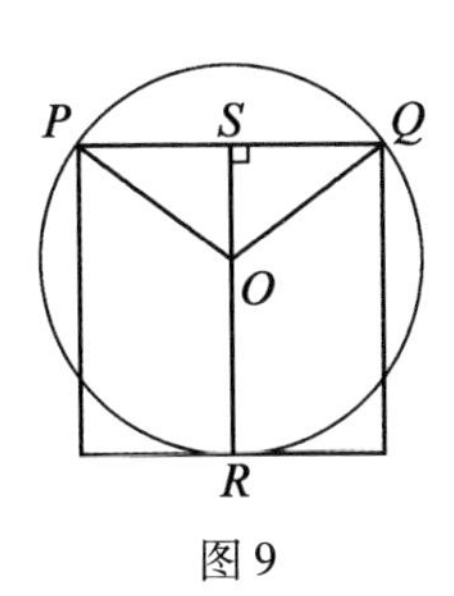

图9

$$r^2=\frac{1}{4}x^2+(x-r)^2=\frac{5}{4}x^2-2xr+r^2$$

即$\frac{5}{4}x^2-2xr=0$,即$x(x-\frac{8}{5}r)=0$,由此得$x=\frac{8}{5}r$.

于是所求的比为$\frac{x^2}{\pi r^2}=\frac{(\frac{8}{5})^2r^2}{\pi r^2}=\frac{64}{25\pi}$.　　(B)

17. 已知$\tan(x+y)=\frac{\tan x+\tan y}{1-\tan x\tan y}$对一切$x,y$成立. 又设$\tan p+\tan q+1=\cot p+\cot q=6$,则$\tan(p+q)$等于(　　).

A. 15　　B. $\frac{6}{5}$　　C. $\frac{5}{6}$

D. 5　　E. 30

解　首先注意$\tan p+\tan q=6-1=5$,且由$\cot p+\cot q=6$可推出

$$\frac{1}{\tan p}+\frac{1}{\tan q}=\frac{\tan q+\tan p}{\tan p\tan q}=\frac{5}{\tan p\tan q}=6$$

因此,有$\tan p\tan q=\frac{5}{6}$. 于是得到

$$\tan(p+q)=\frac{5}{1-\frac{5}{6}}=\frac{5}{\frac{1}{6}}=30$$ (E)

18. 一位果汁制造商有含有橙汁为 $w\%$ 的 100 L 的混合液. 兑入 x L 含纯橙汁为 $y\%$ 的混合液后,他希望生产出含纯橙汁为 $z\%$ 的饮料,x 的值由下面哪个式子给出(　　).

A. $\dfrac{100(100z-w)}{y}$　B. $\dfrac{100(100z-w)}{y+100z}$　C. $\dfrac{10\ 000z}{y+100w}$

D. $\dfrac{100(z-w)}{y-z}$　　E. $\dfrac{z-w}{100(y-z)}$

解　纯橙汁的总量是 $w+\dfrac{xy}{100}$. 最后的混合液总量为 $100+x$. 由此可知

$$\frac{z}{100}=\frac{w+\frac{xy}{100}}{100+x}$$

即 $100z+xz=100w+xy$,或

$$x(y-z)=100(z-w)$$

$$x=\frac{100(z-w)}{y-z}$$　　　　(　D　)

19. 可用多少种方法将 1 个 3×3 的正方形分成 1 个 1×1 的正方形和 4 个 2×1 的矩形?(图 10 中给出了 3 种方法)(　　).

A. 6 种　　B. 12 种　　C. 16 种

D. 17 种　　E. 18 种

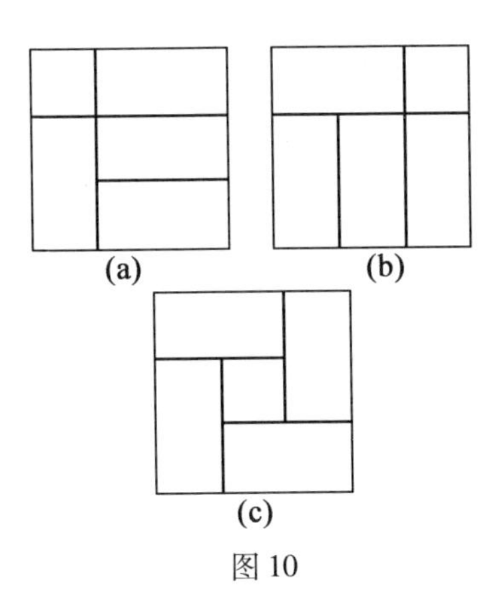

图 10

解　此时只有两种情形需要考虑：一种是 1×1 的正方形放在一个角上，一种是正方形放在中心处. 后一类型只可能有两种排列方法，如下图 11 所示.

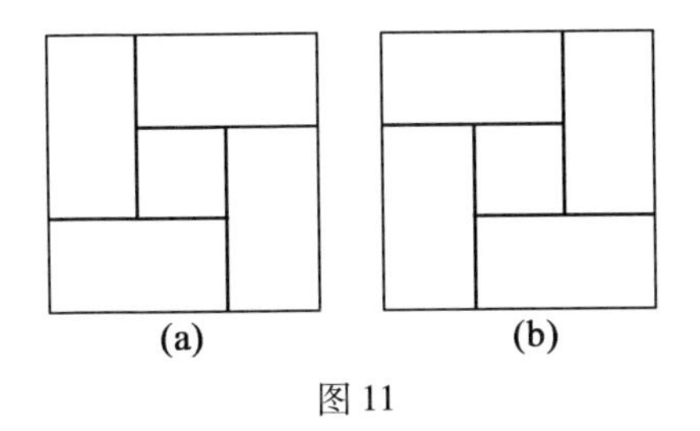

图 11

假设 1×1 的正方形放在左上角，那么以下四种排列方法都是可能的（图 12）.

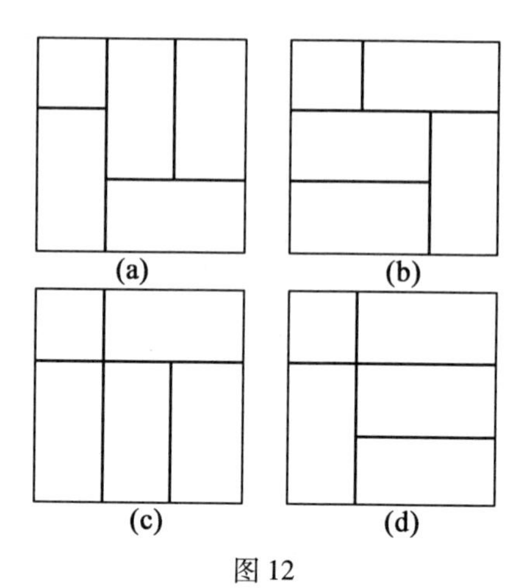

图 12

由于通过旋转,其中每一种排法又能产生另外 3 种排法,所以各种排列方法的总数为 $2+4\times4$ 即 18.

(E)

20. $1+x^2+x^{100}$ 被 x^2-1 除之后所得的余数为(　　).

A. -1　　B. 3　　C. 1

D. -3　　E. 5

解　注意

$$\frac{1+x^2+x^{100}}{x^2-1}=\frac{(x^2-1)+(x^{100}-1)+3}{x^2-1}$$

因为 x^2-1 除得尽 $x^{100}-1$,故余数为 3.　　(B)

21. 在图 13 中,$ST\parallel QR$,$UT\parallel SR$. 若 $PU=4$,$US=6$,则 SQ 的长度为(　　).

A. 10　　B. $7\frac{1}{2}$　　C. 15

D. 12　　E. 9

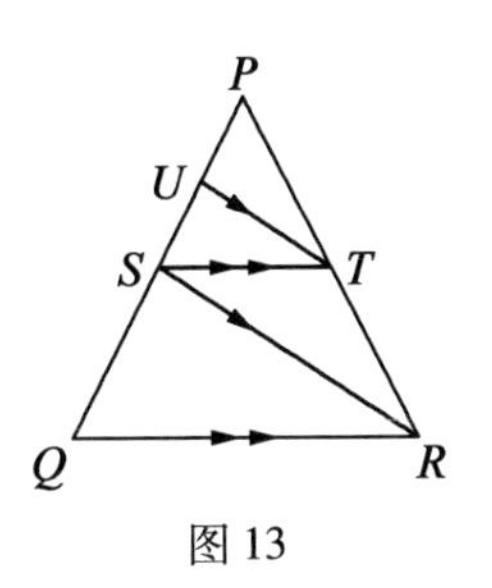

图 13

解　根据平行的条件,我们有

$$\frac{SQ}{PS}=\frac{TR}{PT}=\frac{US}{PU}=\frac{6}{4}=\frac{3}{2}$$

于是

$$SQ=\frac{3}{2}\times PS=\frac{3}{2}\times 10=15\quad(\quad C\quad)$$

22. 有一个正八边形,每次随机地选取它的三条不同的边,其中,三边经延长后可形成包含原八边形的三角形的概率为(　　).

A. $\frac{1}{3}$　　B. $\frac{1}{4}$　　C. $\frac{3}{8}$

D. $\frac{1}{6}$　　E. $\frac{1}{7}$

解　不失普遍性,我们可以考虑所选的第一条边是边 1(图 14). 接下去的成功的选取应是(1,3,6),(1,6,3),(1,4,6),(1,6,4),(1,4,7) 和(1,7,4) 这几种情形. 我们知道此时共有 $7\times6=42$ 种选取法. 于是,所求的概率是$\frac{6}{42}$,即$\frac{1}{7}$.　(　E　)

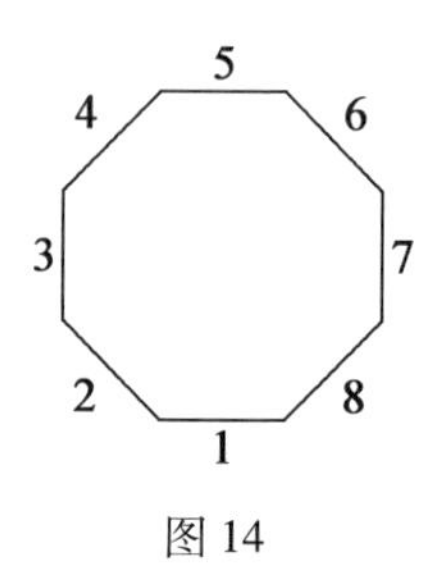

图 14

23. 如图 15 所示,一个线快用完了的绕线筒,由绕在它上面的细线沿着很平的表面拉动. 它的内筒的直径是 5 cm,外轮的直径是 10 cm. 假设只有滚动而没有滑动,当细线的端点移动 12 cm,绕线筒将移动多远(　　).

A. 8 cm　　B. 6 cm　　C. 24 cm

D. 12 cm　　E. 18 cm

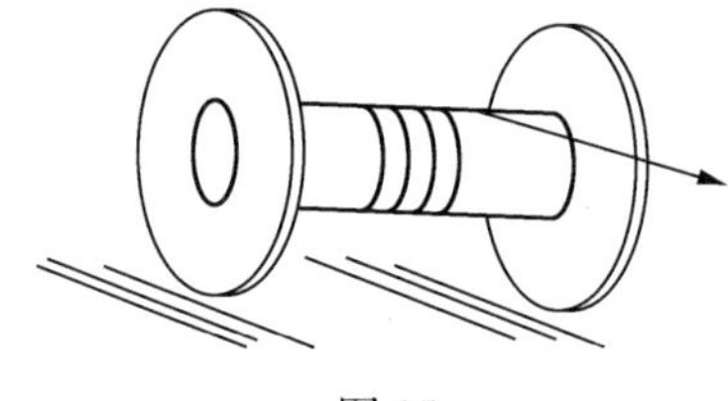

图 15

解　当绕线筒转动一圈时,线移动的距离等于内筒的周长 5π cm 加上外轮的周长 10π cm,总共移动了 15π cm. 这样,如果线移动 12 cm,则绕线筒转了 $\frac{12}{15\pi}$ 圈. 因为绕线筒转一圈时,它所移动的距离是它的外轮周长 10π cm,所以这时绕线筒移动的距离的厘米数为

$10\pi \cdot \frac{12}{15\pi} = 8.$　　(A)

24. 若$||x-2|-1|=a$(其中a是常数,又是整数)恰好有三个不同的根,那么数a等于(　　).

A. 0　　　　B. 1　　　　C. 2

D. 3　　　　E. 4

解法1　首先注意

$$||x-2|-1|=a \Rightarrow a \geqslant 0 \qquad (1)$$

这意味着或

$$|x-2|=a+1 \Rightarrow a+1 \geqslant 0 \Rightarrow a \geqslant -1$$

或

$$|x-2|=-a+1 \Rightarrow -a+1 \geqslant 0 \Rightarrow a \leqslant 1 \qquad (2)$$

于是a是一个整数(已知),$a \geqslant 0$(由(1))且$a \leqslant 1$(由(2)).所以$a=0$或$a=1$.检验$a=0$的情形,可得

$$||x-2|-1|=1 \Rightarrow |x-2|-1=\pm 1$$

若$|x-2|-1=-1$,则$|x-2|=0$,即$x=2$.若$|x-2|-1=1$,则$|x-2|=2$,即$x=0$或$x=4$.这给出了全部三个根,即$x=0,2$和4.　　(　B　)

解法2　如图16,$y=||x-2|-1|$的图像可由下述方程得到

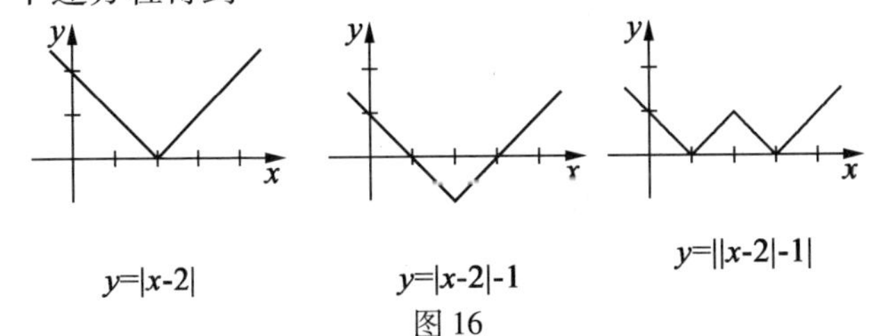

图16

由此,可知,给出三个解的唯一的y值是$y=1$.

25. 设$x>0$且$x^2+\dfrac{1}{x^2}=7$,则$x^5+\dfrac{1}{x^5}$等于(　　).

A. 55　　　　B. 63　　　　C. 123

D. 140　　　　E. 145

解 首先注意

$$(x+\frac{1}{x})^2=x^2+2+\frac{1}{x^2}=x^2+\frac{1}{x^2}+2$$

$$=9\Rightarrow(x+\frac{1}{x})=\pm 3$$

因 $x>0$,故 $(x+\frac{1}{x})=3$,于是

$$(x+\frac{1}{x})^3=x^3+\frac{1}{x^3}+3(x+\frac{1}{x})=x^3+\frac{1}{x^3}+9=27$$

即 $x^3+\frac{1}{x^3}=18$. 考虑

$$(x+\frac{1}{x})^5=x^5+5(x^3+\frac{1}{x^3})+10(x+\frac{1}{x})+\frac{1}{x^5}$$

则有

$$x^5+5(18)+10(3)+\frac{1}{x^5}=3^5$$

即

$$x^5+\frac{1}{x^5}=243-(90+30)=123 \quad (\quad C \quad)$$

26. 一位无线电爱好者把天线杆设在接收效果最佳的车库的矩形屋顶之上. 然后,他从杆顶到屋顶四角间安装固定用的支撑线. 有两根相对的支撑线各长 7 m 和 4 m, 另一根长 1 m, 最后一根的长度应是多少米?(　　).

A. 8 m　　B. 9 m　　C. 10 m

D. 11 m　　E. 12 m

解 设天线杆的高 UT 为 h m,最后一根支撑线 ST 的长度为 x m,如图 17 给各点标上字母. 那么根据毕达哥拉斯定理,我们有

$$PU = \sqrt{49 - h^2}$$

$$QU = \sqrt{1 - h^2}$$

$$RU = \sqrt{16 - h^2}$$

$$SU = \sqrt{x^2 - h^2}$$

同样根据毕达哥拉斯定理,可知

$$\begin{aligned} SU^2 + QU^2 &= (SX^2 + XU^2) + (UW^2 + WQ^2) \\ &= (PV^2 + RW^2) + (UW^2 + VU^2) \\ &= (PV^2 + VU^2) + (UW^2 + RW^2) \\ &= PU^2 + UR^2 \end{aligned}$$

即

$$x^2 - h^2 + 1 - h^2 = 49 - h^2 + 16 - h^2$$

$$x^2 = 65 - 1 = 64$$

$$x = 8$$

(　A　)

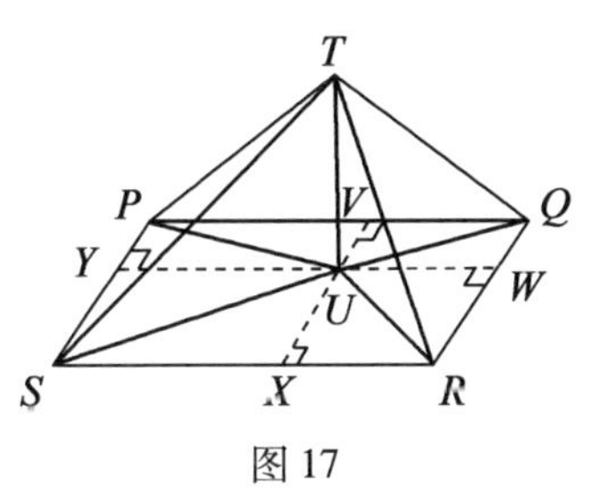

图17

27. 如图18,$PQRS$ 是边长为1个单位的正方形. $\triangle PQT$ 是等边三角形. $\triangle UQR$ 的面积是多少?(　　).

A. $\frac{\sqrt{3}-1}{2}$　　B. $\sqrt{2}+1$　　C. $\frac{\sqrt{3}-1}{4}$

D. $\frac{\sqrt{2}-1}{2}$　　E. $\frac{\sqrt{3}+1}{2}$

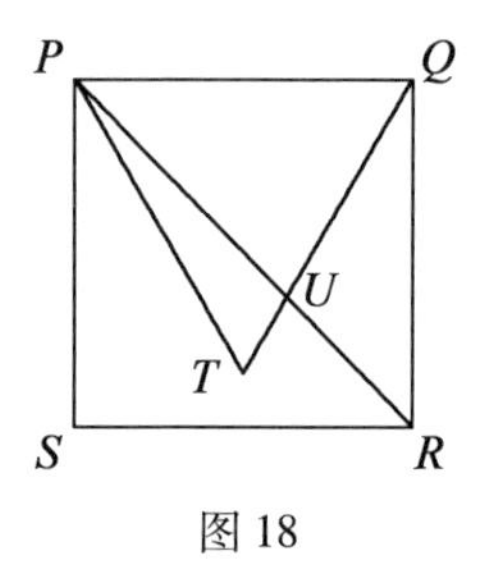

图 18

解　如图 19,作 UM 垂直于 QR. 此时 $\angle UQM = 30°$. 若令 $MR = x$,则 $UM = x$ 且 $QM = 1 - x$. 于是

$$\tan 30° = \frac{UM}{QM} = \frac{x}{1-x} = \frac{1}{\sqrt{3}}$$

即

$$x\sqrt{3} = 1 - x$$

$$x = \frac{1}{\sqrt{3}+1}$$

所以 $\triangle UQR$ 的面积等于

$$\frac{1}{2}\left(\frac{1}{\sqrt{3}+1}\right) = \frac{1}{2}\left(\frac{\sqrt{3}-1}{2}\right) = \frac{\sqrt{3}-1}{4}$$

(C)

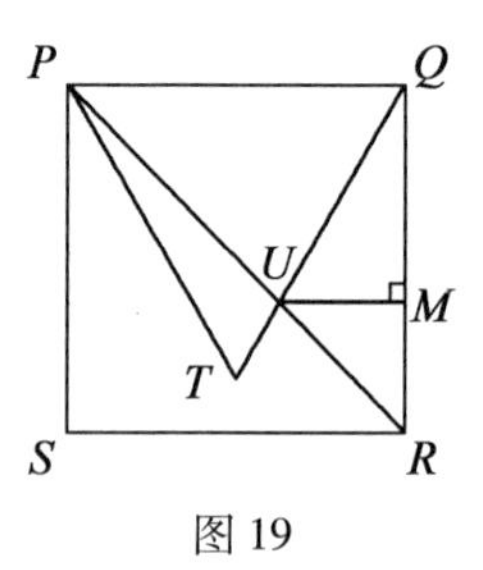

图 19

28. 两位健忘的朋友约定在某天下午到一个咖啡馆见面,但他们两人都忘记了约定好的时间,只记得时

间是下午2点到5点之间.两人的主意都是在下午2点到5点之间随便选一个时间到咖啡馆再等上半小时,要是另一位还不来自己就离开.他们能见面的概率是多少?(　　).

A. $\frac{11}{36}$　　B. $\frac{1}{3}$　　C. $\frac{1}{6}$

D. $\frac{25}{36}$　　E. $\frac{1}{36}$

解　如图20,设一位朋友到达的时间为x,另一位到达的时间为y.它们都是随机地在(比如说)0与3之间取值.如果$|x-y|\leqslant\frac{1}{2}$,则他们可相遇.他们相遇的概率为

$$\frac{3^2-(2\frac{1}{2})^2}{3^2}=\frac{9-6\frac{1}{4}}{9}=\frac{2\frac{3}{4}}{9}=\frac{11}{36}$$

(　A　)

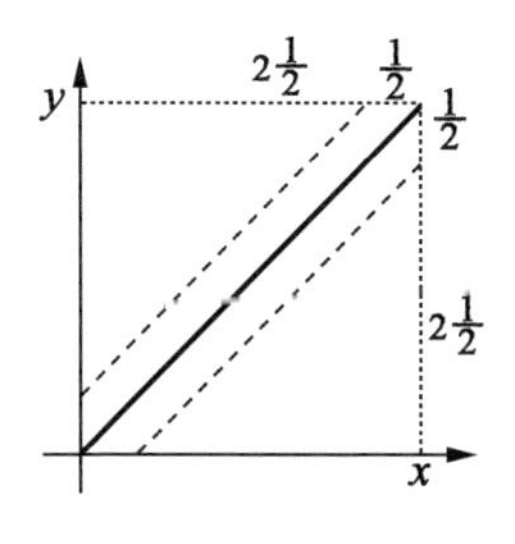

图20

第 6 章 1990 年试题

1. $(0.01)^2$ 等于( ).

A. 0.1 B. 0.01 C. 0.001

D. 0.000 1 E. 0.000 2

解 $(0.01)^2 = 0.000\,1$. (D)

2. 数 0.1, 0.11 和 0.111 的平均值是( ).

A. 0.041 B. 0.107 C. 0.11

D. 0.111 1 E. 0.17

解 三数之和是 0.321, 平均值是$\frac{1}{3} \times 0.321 = 0.107$. (B)

3. 下列数中哪个数最小?( ).

A. $\frac{1}{4}$ B. $\frac{2}{5}$ C. $\frac{2}{7}$

D. $\frac{3}{10}$ E. $\frac{3}{11}$

解 将这些分子数表为分子相同的分数,为

$$\frac{6}{24}, \frac{6}{15}, \frac{6}{21}, \frac{6}{20}, \frac{6}{22}$$

最小的数是分母最大的那个. (A)

4. 在图 1 中, $PQ = PR = QS$ 且 $\angle QPR = 20°$, $\angle RQS$ 等于( ).

A. 20° B. 40° C. 60°

D. $80°$　　　　E. $100°$

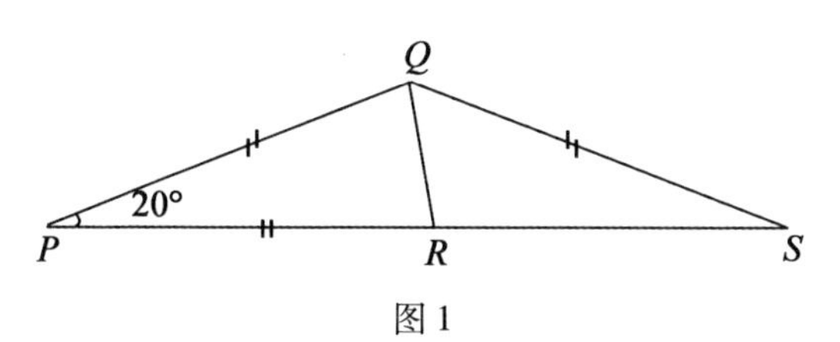

图 1

解　由给定的条件可知 $\angle PQR = \angle PRQ = 80°$，又知 $\triangle PSQ$ 是等腰的，则 $\angle PSQ = 20°$. 于是 $\angle PQS = 140°$ 且 $\angle RQS = 140° - 80° = 60°$.　　（ C ）

5. 如果 $9^{3-x} = 81^{4-2x}$，则 x 等于（　　）.

A. $\frac{5}{3}$　　B. $\frac{7}{6}$　　C. $\frac{11}{3}$

D. $\frac{10}{7}$　　E. $-\frac{5}{3}$

解　注意 $9^{3-x} = 9^{2(4-2x)}$，因此 $3 - x = 2(4 - 2x)$，即 $3 - x = 8 - 4x$，亦即 $3x = 5$，故 $x = \frac{5}{3}$.　（ A ）

6. 如果 $p = q(r - \frac{1}{s})$，则 s 等于（　　）.

A. $\frac{p}{q} - r$　　B. $\frac{q}{qr - p}$　　C. $\frac{q}{p - qr}$

D. $\frac{q}{r - p}$　　E. $\frac{1}{qr - p}$

解　若 $p = q(r - \frac{1}{s})$，则 $\frac{p}{q} = r - \frac{1}{s}$，即 $\frac{1}{s} = r - \frac{p}{q}$，若 $s = \frac{1}{r - \frac{p}{q}} = \frac{q}{qr - p}$.　　（ B ）

7. 两个分数在$\frac{1}{4}$和$\frac{2}{3}$之间等间隔地分布,两分数中较小者是(　　).

A. $\frac{13}{24}$　　B. $\frac{7}{18}$　　C. $\frac{29}{36}$

D. $\frac{5}{12}$　　E. $\frac{1}{3}$

解　设间距为h,较小的数为x. 则$\frac{2}{3}=\frac{1}{4}+3h$,即

$$3h=\frac{2}{3}-\frac{1}{4}=\frac{1}{12}(8-3)=\frac{5}{12}$$

这样$h=\frac{5}{36}$,所以

$$x=\frac{1}{4}+\frac{5}{36}=\frac{1}{36}(9+5)=\frac{14}{36}=\frac{7}{18}$$

(　B　)

8. 两个相继的正整数的平方差为d,则较小的正整数可表为(　　).

A. $d-1$　　B. $\frac{1}{2}(d-1)$　　C. $\frac{1}{2}(d+1)$

D. $\frac{d}{2}$　　E. $(d-1)^2$

解　设较小数为n,则$(n+1)^2-n^2=d$,即

$$n^2+2n+1-n^2=2n+1=d$$

故$n=\frac{1}{2}(d-1)$.　(　B　)

9. 已知$f(x)=|x|-x$,则联结点$(f(2),f(-2))$

和点 $(f(4),f(-4))$ 的直线段的中点的坐标是(　　).

A. (0,0)　　B. (0,6)　　C. (3,6)

D. (0,4)　　E. (0,3)

解　注意 $(f(2),f(-2))=(0,4)$，且 $(f(4),f(-4))=(0,8)$. 因此中点的坐标为(0,6).(　B　)

10. 一次测验中所有题目的分值相同. 设你在前10题中答对了9题，在余下的题目中你只答对了$\frac{3}{10}$. 此时你得到全部分值的50%. 那么这次测验的题目数为(　　).

A. 60　　B. 40　　C. 20

D. 50　　E. 30

解　设题目数为 x. 于是有

$$9+0.3(x-10)=0.5x$$

即 $9-3=0.2x$，故 $x=\frac{6}{0.2}=30$.　　(　E　)

11. 有一个圆盘，最少要用多少个跟它同样大小的圆盘才能覆盖它？条件是从正上方看时，覆盖用的圆盘不能覆盖着被覆盖圆盘的圆心，但允许与它相触.(　　).

A. 6 个　　B. 4 个　　C. 3 个

D. 2 个　　E. 5 个

解　如图2，显示了用三个圆成功的覆盖(覆盖了中间的那个圆). 注意，被覆盖的圆的圆心位于三个覆盖圆的三重交点处，而且每一对覆盖圆也在被覆盖的

圆上相交,三个交点等间隔地位于被覆盖圆上. 显然,仅用两个圆不足以按要求覆盖住原来的圆. (C)

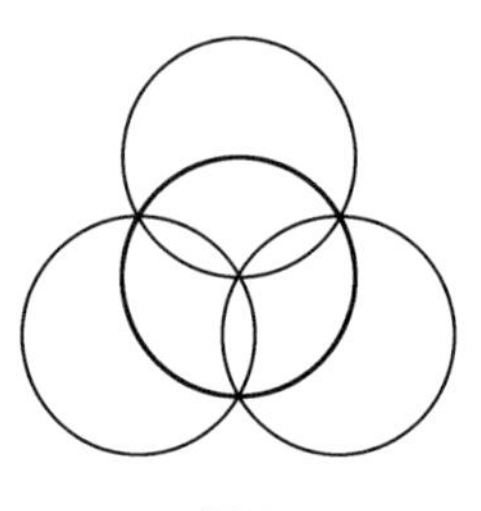

图 2

12. 如图 3,这是一张 5 行 5 列的方格表,顶上一行填有符号 P,Q,R,S 和 T. 第四行中间填有符号 P,Q 和 R. 余下的方格中可填入 P,Q,R,S 或 T,要求做到同一符号在每一行、每一列及每条对角线上只出现一次. 那么填入画有阴影方格中的符号必须是( ).

A. P　　B. Q　　C. R

D. S　　E. T

P	*Q*	*R*	*S*	*T*
■				
	P	*Q*	*R*	

图 3

解　如图4,标有 * 的方格必须填 Q,因为同一行中已出现了 R 和 S,而同一主对角线上已有了 P 和 T.

P	Q	R	S	T
			*	
	P	Q	R	

(a)

P	Q	R	S	T
S	T	P	Q	R
Q	R	S	T	P
T	P	Q	R	S
R	S	T	P	Q

(b)

图 4

现在,在第一行中能填 Q 的方格只有画阴影的那个了.　　(B)

注　该解是唯一的,它是一个拉丁方阵.

13. 两个数 x 和 y 满足下列 4 个方程的三个

$$x + y = 63, x - y = 47, xy = 392, \frac{x}{y} = 8$$

而不满足剩下的一个方程. x 的值是(　　).

A. 7　　B. 8　　C. $\frac{196}{3}$

D. 55　　E. 56

解　由前两个方程可得到解 $x = 55$ 和 $y = 8$. 然而这组解不满足第三个方程. 因此不正确的方程一定是前三个之一. 由此推出第四个方程是正确的,即 $x = 8y$. 将它代入前三个方程得到 $9y = 63, 7y = 47, 8y^2 = 392$. 其中第一个方程和第三个方程是一致的,它们给出解 $y = 7$,因此 $x = 8 \times 7 = 56$.　　(E)

14. 一条中空的管道有一个如图 5 所示的直角状连接件,其两端是开口的,图中标明了它的尺寸. 它的外表面的面积应为(　　).

A. $1\,200\pi\ \text{cm}^2$　　B. $800\pi\ \text{cm}^2$　　C. $6\,000\pi\ \text{cm}^2$

D. $4\,000\pi\ \text{cm}^2$　　E. $600\pi\ \text{cm}^2$

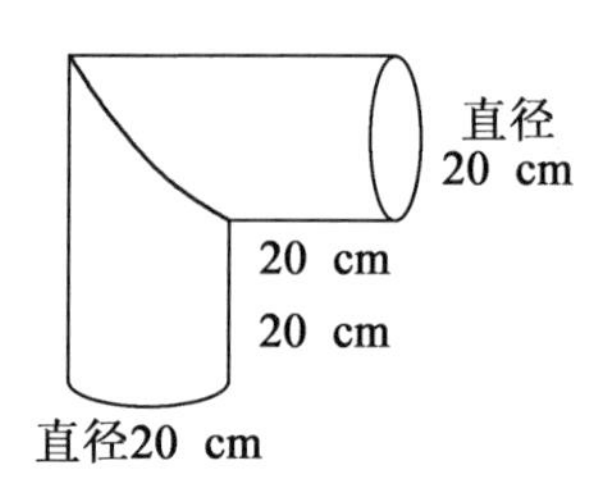

图 5

解　注意,它可看成由两部分组成,每一部分的表面积都等于直径为20 cm、高为40 cm的圆柱体的表面积的$\frac{3}{4}$. 所以总的表面积为 $2\times\frac{3}{4}\times\pi Dh=\frac{3}{2}\times\pi\times20\times40=1\,200\pi$.　　(A)

15. 如果 $a^2=a+2$,则 a^3 等于(　　).

A. $a+4$　　B. $2a+8$　　C. $3a+2$

D. $4a+8$　　E. $27a+8$

解　因 $a^2=a+2$ 故

$$a^3=a(a+2)=a^2+2a=a+2+2a=3a+2$$

(C)

16. a和b是实数,满足$0<a<b$和$a^2+b^2=6ab$. 则$\frac{a+b}{a-b}$等于(　　).

A. $-\sqrt{2}$　　B. -1　　C. 0

D. $\sqrt{2}$　　E. $\sqrt{6}$

解　我们注意下面两个关系式

$$a^2+b^2+2ab=8ab$$

$$a^2 + b^2 - 2ab = 4ab$$

第一式除以第二式得

$$\left(\frac{a+b}{a-b}\right)^2 = 2. \text{即} \frac{a+b}{a-b} = \pm\sqrt{2}$$

由于 $a < b$，故取 $-\sqrt{2}$.　　　　　　　　　　(A)

17. 有一处地面用正多边形状的地砖铺成. 当从地面取出一块地砖并转动 50°，它仍能准确地放回原来的位置上. 这种多边形至少应有的边数为(　　).

A. 8　　　　B. 24　　　　C. 25

D. 30　　　　E. 36

解　设边数为 n. 每条边所对的中心角等于 $\frac{1}{n} \times 360°$，要求 $\frac{50}{\frac{360}{n}}$ 是一个整数，即 $\frac{50}{360}n = \frac{5}{36}n$ 是一个整数. 能达到这一要求的最小的 n 是 36.　　　　(E)

18. 设 $n = 33\cdots3$，由 100 个 3 组成. N 是全部由 4 组成的数，而且是能被 n 除得尽的最小的数. 设 N 由 x 个 4 组成，则 x 等于(　　).

A. 180　　　　B. 240　　　　C. 150

D. 400　　　　E. 300

解　首先注意 n 是能被 3 而不能被 9 除尽的数. 由于 N 能被 3 除得尽，因此 x 必是 3 的倍数，这就排除了选项 D. 接着我们证明：若 n 除得尽 N，x 必是 100 的倍数. 假设不然，则 $x = 100q + r, 0 < r < 100$. 设 $k = 11\cdots1$，包含有 100 个 1，则

$N = 4\cdots4$

$$= \underbrace{\underbrace{4\cdots4}_{100}\ \underbrace{4\cdots4}_{100}\cdots\ \underbrace{4\cdots4}_{100}\ \underbrace{4\cdots4}_{r}}_{q}(0 < r < 100)$$

$$= 4k \times 100^{100(q-1)+r} + 4k \times 10^{100(q-2)+r} + \cdots +$$

$$4k \times 10^{r} + \underbrace{4\cdots4}_{r}$$

即有 $N = \underbrace{44\cdots4}_{r}(\bmod 4k)$.

由于 $3k \mid N$,这就意味着 $r = 0$,而这与假设矛盾. 于是,x 能被 100 与 3 除尽. 那么最小的 x 便是 300.

(E)

19. 这是一座建筑物的平面图,其中的庭院有两处出入口. 过路者可以在门外观看但不能进入庭院. 图 6 中标明了该建筑的尺寸(以米为单位),所有的壁角都是直角. 试问庭院中过路者看不到的部分的面积是多少平方米?(　　).

A. 250 m^2　　B. 200 m^2　　C. 300 m^2

D. 400 m^2　　E. 325 m^2

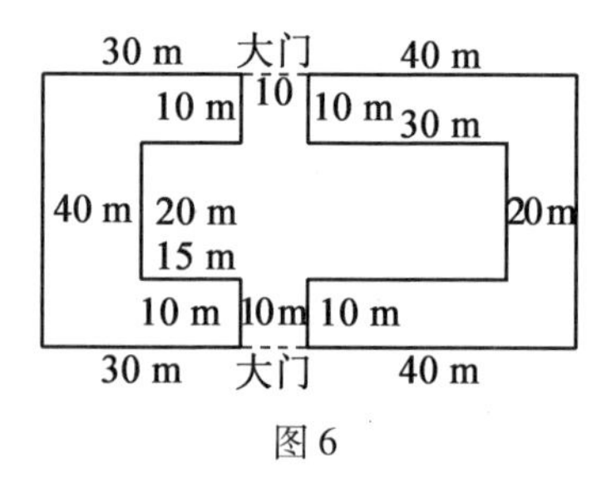

图 6

解　已知入口处通道是正方形的(即 10 m × 10 m),过路者能观察的最大对角线角度为 45°,所以他们能看到的区域是图 7 中没画阴影的部分.

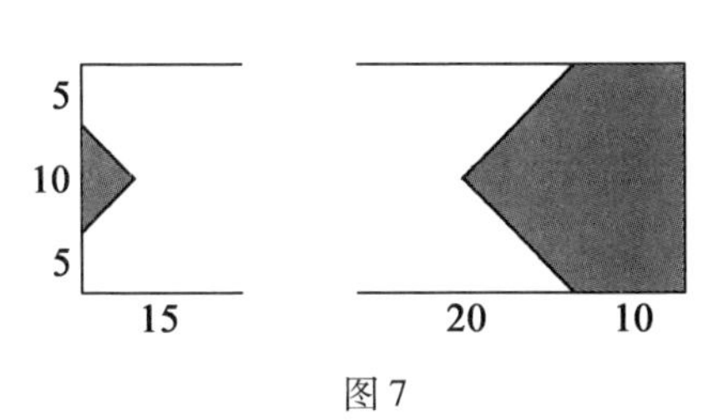

图7

由此可见，所余部分的面积为 $25+300=325(\mathrm{m}^2)$. （ E ）

20. 大英博物馆藏有一枚罗马骰子，它有6个正方形面和8个三角形面，掷出正方形面朝向正上方的可能性是掷出三角形面朝向正上方的两倍. 当掷骰子时，三角形面朝向正上方的概率有多大？（ ）.

A. $\frac{4}{7}$　　B. $\frac{3}{11}$　　C. $\frac{3}{7}$

D. $\frac{3}{10}$　　E. $\frac{2}{5}$

解　投掷出一给定三角形面的概率是 p，则掷出一给定正方形面的概率是 $2p$. 因为所有互相独立的事件发生的概率之和为1，则有

$$6\times 2p+8\times p=1$$

即 $p=\frac{1}{20}$. 所以投掷出三角形面的概率是 $8\times\frac{1}{20}=\frac{2}{5}$.

（ E ）

21. 我的汽车配备一种特别牌子的轮胎，装在前轮的使用距离为40 000 km，装在后轮则可使用60 000 km，如果将前后轮胎交换使用，我用这一组四个轮胎可行驶的最大距离是（ ）.

A. 52 000 km　　B. 50 000 km　　C. 48 000 km

D. 40 000 km　　E. 44 000 km

解　汽车行驶 1 km 四个轮胎的平均功能损耗率为

$$\frac{1}{4}\left(\frac{1}{40\ 000}+\frac{1}{40\ 000}+\frac{1}{60\ 000}+\frac{1}{60\ 000}\right)=\frac{1}{48\ 000}$$

每个轮胎依据此损耗率来使用是最优的. 所以汽车的最大行驶距离是 48 000 km.　　(C)

22. 如图 8, $WXYZ$ 是一正方形, $PV \perp XY$. 若 $PW = PZ = PV = 10$ cm, 则 $WXYZ$ 的面积为(　　).

A. 225 cm^2　　B. 232 cm^2　　C. 248 cm^2

D. 256 cm^2　　E. 324 cm^2

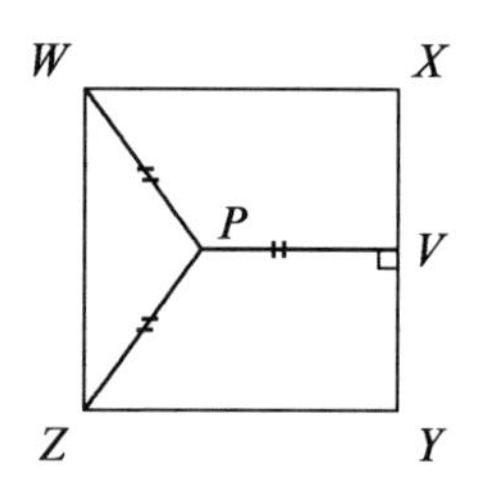

图 8

解　如图 9, 作 $PQ \perp ZY$: 在 $\triangle PQZ$ 中, $PZ^2 = ZQ^2 + QP^2$, 即 $10^2 = (x-10)^2 + (\frac{x}{2})^2$. 于是 $100 = x^2 - 20x + 100 + \frac{x^2}{4}$. 由此可得 $0 = 4x^2 - 80x + x^2$, 即 $5x^2 - 80x = 0$, 亦即 $x = 0$(我们舍去这个根) 或 $x = 16$. 故所求面积为 $16^2 = 256$ (cm^2).　　(D)

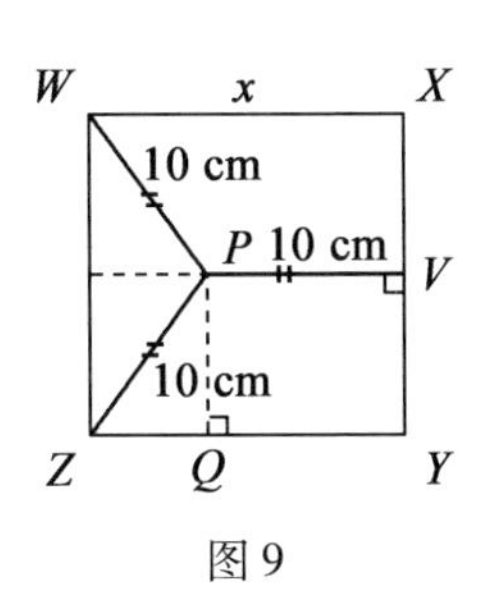

图9

23. 如图10,一群学生参观了某博物馆. 他们从大门 P 入馆,从大门 Q 离馆. 在参观中,他们除了一道门没有经过外,馆内其他每道门都经过一次并且仅为一次. 他们没有经过的门是(　　).

A. R　　B. S　　C. T

D. U　　E. V

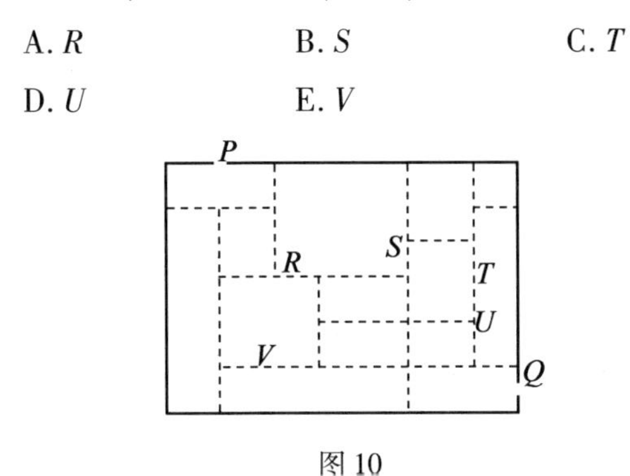

图10

解　除了由 T 门相通的两个房间外,其余所有的房门都有偶数道门. 对每个有奇数道门的房间,学生肯定不能只经过它的门奇数次. 由于他们没有经过的恰好只有一道门,所以这道门必定是 T 门.　(　C　)

注　这道题是欧拉(Euler)的哥尼斯堡(Königsberg)七桥问题的一个变种.

24. 一个两位数不能被9除尽. 它等于它的两数字

之和的 k 倍,k 是正整数. 那么 k 必须是下列哪个数的因子?(　　).

A. 210　　B. 240　　C. 280

D. 320　　E. 350

解　设此两位数为 $10x+y$,则 $10x+y=kx+ky$,即 $(10-k)x=(k-1)y$. 一个平凡解是 $k=10$(则 $y=0$). 进一步注意 $(10-k)+(k-1)=9$, $\gcd(10-k,k-1)=1$ 或 3 或 9. 显然它不能是 9. 如果 $\gcd(10-k,k-1)=1$. 则 $x=t(k-1)$, $y=t(10-k)$,其中 t 是某个正整数. 然而 $10x+y=9tk$ 能被 9 除尽. 所以 $\gcd(10-k,k-1)=3$,且 $k=4$ 或 7(或 10). 在所列的五个数中只有 280 可被 4,7 和 10 除尽.　(　C　)

25. 一个实心立方体的每个面如图 11 分成四部分. 从顶点 P 出发,可找出沿图中相连的线段一步步到达顶点 Q 的各种路径. 若要求每步沿路径的运动都更加靠近 Q,则从 P 到 Q 的这种路径的数目为(　　).

A. 46　　B. 90　　C. 36

D. 54　　E. 60

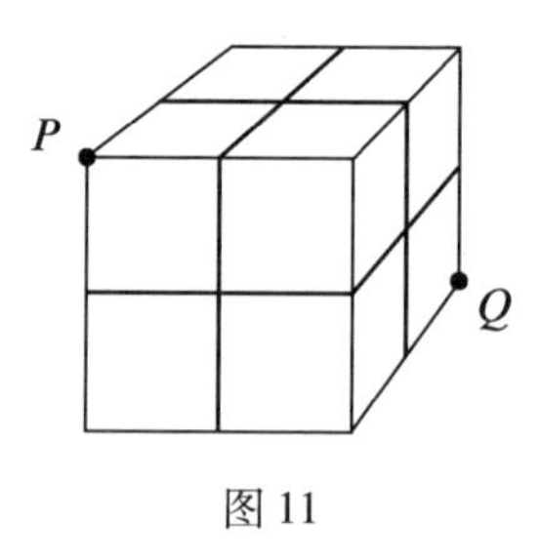

图 11

解　图 12 中所标出的到达每个节点的路径数,

可经由相继的加法得到. 于是很容易看出到达点 R 的路径数是 18. 根据对称性(有 3 条路到达 Q),到达 Q 的路径的总数为 $3 \times 18 = 54$.　　（ D ）

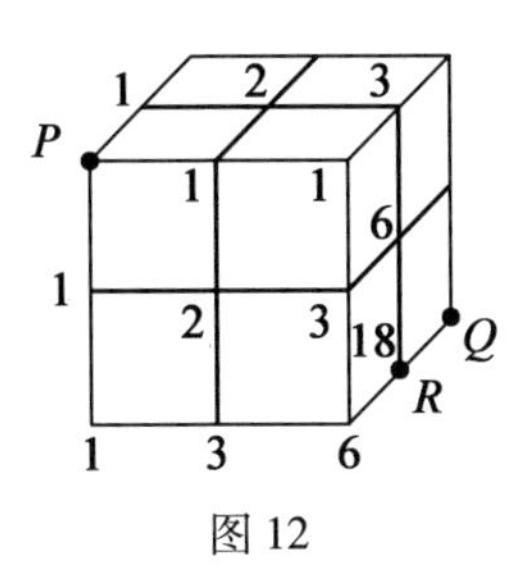

图 12

26. 在梯形 $PQRS$ 中,$PQ \parallel SR$ 且 $\angle SPQ = \angle RQP = 135°$. 该梯形有一内切圆而 PQ 的长度为 1 cm. 则 QR 的长度是(　　).

A. 1 cm　　B. $\sqrt{2}$ cm　　C. $\sqrt{3}$ cm

D. 2 cm　　E. $2 + \sqrt{2}$ cm

解　如图 13,从 P 和 Q 向 SR 作垂线. 我们令(需要确定的)QR 的长度(它等于 PS 的长度)为 x,令垂线分别交 SR 于点 T 和点 U.

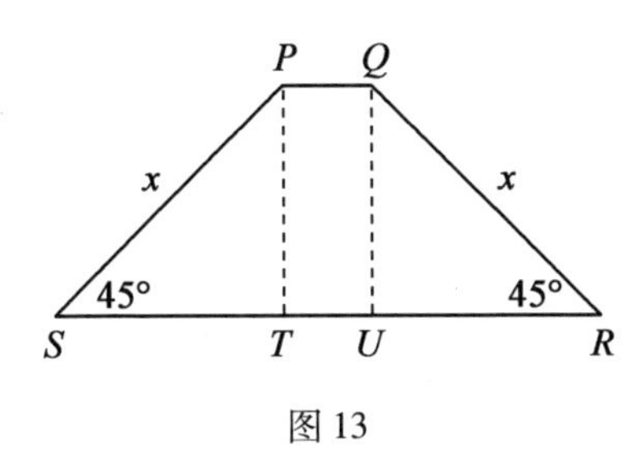

图 13

由于梯形 $PQRS$ 有一内切圆,所以它的两组对边

的和必相等(读者应证明这一结论). 于是

$$QR + PS = PQ + SR = 1 + ST + TU + UR$$

即

$$2x = 1 + \frac{x}{\sqrt{2}} + 1 + \frac{x}{\sqrt{2}}, 2x = 2 + \sqrt{2}x$$

$$x = \frac{2}{2 - \sqrt{2}} = 2 + \sqrt{2}$$ (E)

27. 在一个圆周上顺着一个方向等距地标出 21 个点,依次标记为 0,1,…,20. 将其中的 n 个点标为红色,使得任意两个红色点之间的距离各不相同. 则 n 至多是(　　).

A. 2　　B. 3　　C. 4

D. 5　　E. 6

解　当 $n = 5$ 时,由标红色的点对所确定的各种可能的距离有 $5 \times 4 = 20$ 种. 由于只存在 20 种可能的距离,这意味着 $n \leqslant 5$. 这就排除了选项 E. 试将标记为 0,3,4,9,11 的点标成红色,这说明 $n = 5$ 是可能的,于是又排除了选项 A,B 和 C. (D)

28. 沃伦(Warren) 和奈达(Naida) 的院子里有一条从房子正门到大门口的笔直小路, 它宽 1 m、长 16 m. 他们决定把它铺上石头路面. 沃伦买来 16 块 1 m ×1 m 的铺路石,奈达买回 8 块 1 m 宽、2 m 长的铺路石(很幸运,他们可以把用不完的石头退回商店). 假定他们铺路时可以全部用正方形铺路石块,或全部用长方形铺路石块,或每一种各用一些. 问小路可铺出

多少种不同的模式?(　　).

A. 987 种　　B. 1 597 种　　C. 2 584 种

D. 1 578 种　　E. 2^{16} 种

解　长为0或1的小路只能有一种方式来铺,长度为2的有两种方式. 当$n\geqslant 3$时,设长为n的小路可有$f(n)$种方法来铺设,其中$f(n)=f(n-1)+f(n-2)$. 我们可以这样来想:我若先铺上一块正方形铺路石,则剩下的长为$n-1$的路可以有$f(n-1)$种铺法;我若铺上一块长方形铺路石,则余下的路有$f(n-2)$种铺法,因此,我们的答案是对应于16的斐波那契(Fibonacci)数.　　(　B　)

注　用铺砖的想法去解释斐波那契数是由布雷赫(Derrick Breach)首先提出的.

29. 下列线性方程组有多少组不同的正整数解?

$$x_1+x_2+x_3=5$$
$$y_1+y_2+y_3=5$$
$$z_1+z_2+z_3=5$$
$$x_1+y_1+z_1=5$$
$$x_2+y_2+z_2=5$$
$$x_3+y_3+z_3=5$$

(注意方程组的解是一个集合$x_1,\cdots,z_3$,它必须同时满足所有的方程)(　　).

A. 21 组　　B. 12 组　　C. 18 组

D. 15 组　　E. 10 组

解 对于前三个方程,其解的每个组成部分$\{x_1, x_2, x_3\}$,$\{y_1, y_2, y_3\}$和$\{z_1, z_2, z_3\}$只能由$\{1,2,2\}$或$\{1,1,3\}$组成,其中数字的次序可以变动.后三个方程强化了各组成部分间的联系,并对数字出现的次序加以限制.

此时有三种类型的组合.我们先考虑三个组成部分都是$\{1,2,2\}$类型的.有三种方法选取$\{x_1, x_2, x_3\}$,即数字1可在第一,第二或第三的位置上.在这三种情形中的每一种,y与z部分的排列只有两个方式.例如,当$\{x_1, x_2, x_3\} = \{2,2,1\}$时,我们可以选取$\{y_1, y_2, y_3\} = \{1,2,2\}$,$\{z_1, z_2, z_3\} = \{2,1,2\}$,或者让$y$部分与$z$部分的取法对调.因此,这种情况得出了6个解.类似地,如x,y,z三部分都由$\{1,1,3\}$类型组成,也产生出6个解.因为,此时在三个数中仍有两个是相同的.最后当混合使用这两种类型,即利用$\{1,2,2\}$类型两次,利用$\{1,1,3\}$类型一次,此时共有$3 \times 3 = 9$种选取方式.例如当选取$\{x_1, x_2, x_3\} = \{1,1,3\}$时,我们只能选取$\{y_1, y_2, y_3\} = \{z_1, z_2, z_3\} = \{1,2,2\}$.但此时$x$部分的数字排列方式有三种,对应每一种排列,$y$部分与$z$部分又各有三种排列方式.

所以全部解的数目为$6 + 6 + 9 = 21$. (A)

注 全部解的集合由表1给出,其数字排列顺序跟上面的推导过程一致.

表 1

x_1	x_2	x_3	y_1	y_2	y_3	z_1	z_2	z_3
2	2	1	2	1	2	1	2	2
2	2	1	1	2	2	2	1	2
2	1	2	2	2	1	1	2	2
2	1	2	1	2	2	2	2	1
1	2	2	2	2	1	2	1	2
1	2	2	2	1	2	2	2	1
1	1	3	1	3	1	3	1	1
1	1	3	3	1	1	1	3	1
1	3	1	1	1	3	3	1	1
1	3	1	3	1	1	1	1	3
3	1	1	1	1	3	1	3	1
3	1	1	1	3	1	1	1	3
1	1	3	2	2	1	2	2	1
1	3	1	2	1	2	2	1	2
3	1	1	1	2	2	1	2	2
2	2	1	1	1	3	2	2	1
2	1	2	1	3	1	2	1	2
1	2	2	3	1	1	1	2	2
2	2	1	2	2	1	1	1	3
2	1	2	2	1	2	1	3	1
1	2	2	1	2	2	3	1	1

第7章　1991年试题

1. $(7a+5b)-(5a-7b)$ 等于(　　).

A. $12a-12b$　　B. $2a-2b$　　C. 0

D. $2a+12b$　　E. $12a-2b$

解　$(7a+5b)-(5a-7b)=7a+5b-5a+7b=2a+12b$.　　(D)

2. 当 $x=4$ 时,表达式 $\frac{\sqrt{20+x^2}}{\sqrt{20-x^2}}$ 的值是(　　).

A. $\sqrt{\frac{3}{2}}$　　B. $\frac{9}{4}$　　C. 3

D. $\frac{9}{2}$　　E. 9

解　当 $x=4$,我们有 $\frac{\sqrt{20+x^2}}{\sqrt{20-x^2}}=\frac{\sqrt{36}}{\sqrt{4}}=\frac{6}{2}=3$.

(C)

3. 恰好能整除 1 000 000 的 2 的最高次幂是哪个?(　　).

A. 2^3　　B. 2^4　　C. 2^5

D. 2^6　　E. 2^8

解　我们注意 $1\ 000\ 000=10^6=2^6\times5^6$,故能整除 1 000 000 的 2 的最高幂次是 2^6.　　(D)

4. $\dfrac{\sqrt{8}-\sqrt{2}}{\sqrt{2}}$ 的值是(　　).

A. $2-\sqrt{2}$　　B. $\sqrt{3}$　　C. $\sqrt{8}-1$

D. 1　　E. 2

解　将分子与分母同乘以$\sqrt{2}$,我们有

$$\frac{\sqrt{2}(\sqrt{8}-\sqrt{2})}{2}=\frac{\sqrt{16}-\sqrt{4}}{2}=\frac{4-2}{2}=\frac{2}{2}=1$$

(　D　)

5. 给定 $P=1-\sqrt{\dfrac{Q}{R}}$,则 Q 等于(　　).

A. $\dfrac{1}{R}\times(P-1)^2$　　B. $R\times(1-P)^2$

C. $R\times(1-P^2)$　　D. RP^2-R

E. $\dfrac{1}{R}\times 1-P^2$

解　已知 $P=1-\sqrt{\dfrac{Q}{R}}$,则$\sqrt{\dfrac{Q}{R}}=1-P$,即$\dfrac{Q}{R}=(1-P)^2$ 故得

$$Q=R\times(1-P)^2$$　(　B　)

6. 下列选项中各数按大小排列后哪个是中间数(　　).

A. 2×2^7　　B. $2\times 2^6-2$　　C. $2+2\times 2^6$

D. 2^7　　E. $\dfrac{2^7}{2}$

解　这些数是 2^8,2^7-2,2^7+2,2^7 和 2^6,按大小排在中间的是 2^7.　(　D　)

7. 假定 $6^{x+y}=36, 6^{x+5y}=216$,则 x 等于(　　).

A. $\frac{1}{4}$　　B. $\frac{3}{4}$　　C. $\frac{5}{4}$

D. $\frac{3}{2}$　　E. $\frac{7}{4}$

解　若 $6^{x+y}=36$,则 $x+y=2$,即 $y=2-x$,又知 $6^{x+5y}=216$,故有 $x+5y=3$,即 $x+5(2-x)=3$,即 $10-4x=3$,故 $x=\frac{7}{4}$.　(　E　)

8. 在图 1 中,$PR=QR$,$\angle PRQ=40°$,$\angle PTU=25°$. 则 $\angle RST$ 等于(　　).

A. 140°　　B. 125°　　C. 135°

D. 115°　　E. 110°

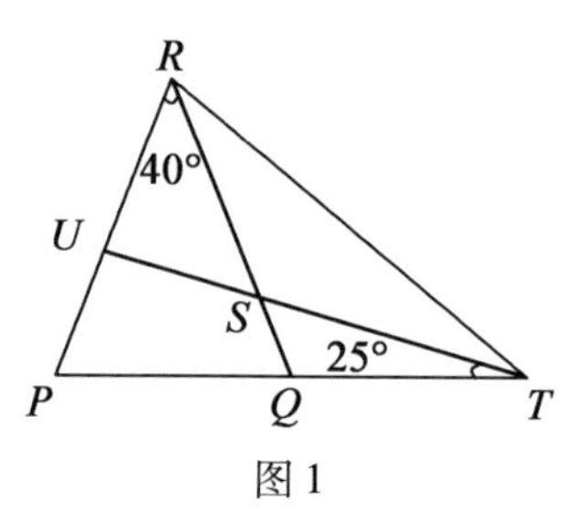

图 1

解　因为 $RP=RQ$,故 $\angle RQP=70°$. 于是 $\angle RQT=110°$,$\angle QST=45°$ 且 $\angle RST=135°$.　(　C　)

9. 过点(3,5)且垂直于直线 $3x+y=6$ 的直线的方程为(　　).

A. $3y+x=6$　　B. $3y-x-12=0$

C. $3y+x=18$　　D. $3y+x+6=0$

E. $3y-x-18=0$

解　直线$3x+y=6$的斜率是-3,所以所求直线的斜率应为$\frac{1}{3}$. 由于所求直线经过(3,5),其方程应为$y-5=\frac{1}{3}(x-3)$,即$3y-15=x-3$,亦即$3y-x-12=0$.　　　　(B)

10. 如果$p+q=n$,$\frac{1}{p}+\frac{1}{q}=m$,其中$p$,$q$均为正的数,则$(p-q)^2$等于(　　).

A. n^2　　　　B. n^2-m　　　　C. $\frac{n^2-m}{n}$

D. $\frac{mn^2-4n}{m}$　　　　E. n^2-4mn

解　如果$\frac{1}{p}+\frac{1}{q}=m$,则$\frac{q+p}{pq}=m$,即$\frac{n}{pq}=m$或$\frac{n}{m}=pq$. 于是

$$\begin{aligned}(p-q)^2&=p^2+q^2-2pq=p^2+q^2+2pq-4pq\\&=(p+q)^2-4pq=n^2-\frac{4n}{m}\\&=\frac{mn^2-4n}{m}\end{aligned}$$

(D)

11. 1 L橙汁水果饮料含有10%的橙汁,为了得到含有50%橙汁的饮料还需要加入多少毫升的橙汁(　　).

A. 450 mL　　　　B. 800 mL　　　　C. 600 mL

D. 400 mL　　　　E. 500 mL

解　设x是需增加的毫升数,则$\frac{100+x}{1\ 000+x}=\frac{1}{2}$,

即 $x = 800$. (B)

12. 乘积 $3^{11} \times 4^{13}$ 中的个位数字是(　　).

A. 2　　B. 4　　C. 6

D. 8　　E. 0

解　因 $3^4 = 81$,故 3^8 也以 1 为末位数字. 3^{11} 的末位数字与 3^3 的相同,为 7. 所有 4 的奇数次幂的末位数字都是 4. 又因为 $7 \times 4 = 28$,由此得知 $3^{11} \times 4^{13}$ 末位数字为 8. (D)

13. 如图 2,$PQRS$ 是边长为 12 cm 的正方形. T 是 RS 上的一点,使得 $ST = 5$ cm. MN 垂直于 PT 并交 PT 于 X. 若 $MX = 4$ cm,那么 XN 的长度为(　　).

A. 5 cm　　B. 7 cm　　C. 13 cm

D. 9 cm　　E. 11 cm

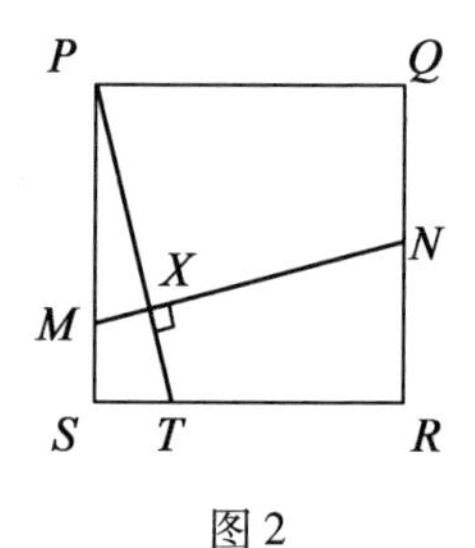

图 2

解　如图 3,作 $SU \parallel MN$. 那么 $SU = MN$,且 $\triangle PST \cong \triangle SRU$. 于是 $SU = PT$. 但 $PT = \sqrt{5^2 + 12^2} = 13$. 因此,$MN = 13$,$XN = 13 - 4 = 9$. (D)

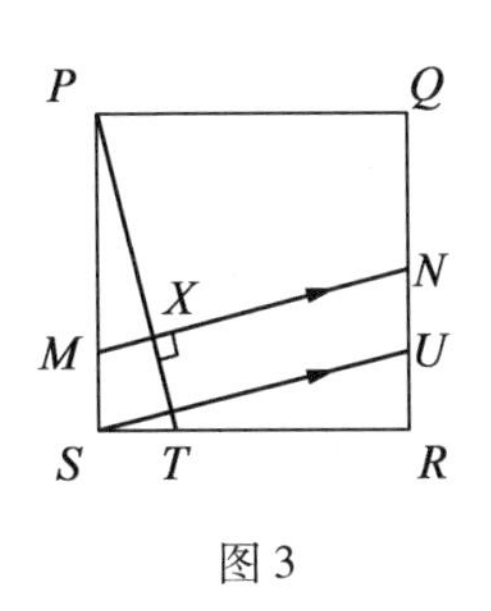

图 3

14. 小于 1 000 的正整数中有几个其数字之和为 6?(　　).

A. 28 个　　B. 19 个　　C. 111 个

D. 18 个　　E. 27 个

解　这样的整数可以有规律地罗列如下:

6	15	24	33	42	51	60
105	114	123	132	141	150	
204	213	222	231	240		
303	312	321	330			
402	411	420				
501	510					
600						

共有 28 个.　　　　(　A　)

15. 玛丽亚(Maria)要乘公共汽车出门,她知道必须不多不少地付足车费,但她不知道车费是多少,只知道是在1.00元到3.00元之间. 为了保证准确地带够车费,她至少需带的硬币个数是多少?(假定可用的硬币为 1 分,2 分,5 分,10 分,20 分,50 分,1 元,2 元这几种.)(　　).

A. 6 个　　B. 7 个　　C. 8 个

D. 9 个　　E. 10 个

解　为了付出尾数为 1 分,2 分,……,9 分的钱,玛丽亚需要一个 1 分,两个 2 分和一个 5 分的硬币. 为了付出 10 分,20 分,……,90 分的钱. 她需要一个 10 分,两个 20 分和一个 50 分的硬币. 最后加上两个 1 元硬币就足以应付 1 元到 3 元之间的任何票价. 这样总共需要 10 个硬币.　　(E)

16. 在 $\triangle PQR$ 中,$\angle PST = \angle PRQ$,各线段的长度如图 4 所示. 那么 PQ 的长度为(　　).

A. $4\frac{1}{2}$　　B. 6　　C. $5\frac{1}{4}$

D. $6\frac{1}{4}$　　E. 7

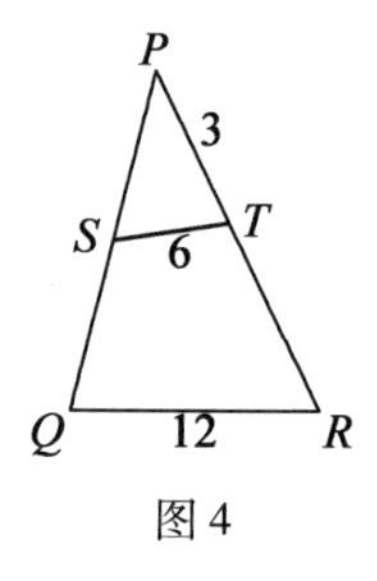

图 4

解　$\triangle PST \backsim \triangle PRQ$,特别有

$$\frac{PT}{PQ} = \frac{ST}{QR} = \frac{6}{12} = \frac{1}{2}$$

因此 $PQ = 6$.　　(B)

17. 两支实力相当的球队连续进行五场比赛,先赢三场的队将成为冠军. A 队已赢了第一场. 此时 A 队成

为冠军的概率是(　　).

A. $\frac{3}{5}$　　B. $\frac{11}{16}$　　C. $\frac{1}{2}$

D. $\frac{13}{16}$　　E. $\frac{9}{16}$

解　由于两队实力相当,所以两队在一场比赛中胜负的概率都是$\frac{1}{2}$. 此外,在连续 n 场比赛中某一结果出现的概率是$\frac{1}{2^n}$,例如 A 队在连续三场比赛中连赢三场(用记号 AAA 表示)的概率是$\frac{1}{2^3}=\frac{1}{8}$. A 队在连续五场比赛中最终获胜的各种可能的情形及其出现的相应的概率(已知 A 队在第一场比赛中赢了)如下:

$$
\begin{array}{ll}
AA & \frac{1}{4} \\
ABA & \frac{1}{8} \\
ABBA & \frac{1}{16} \\
BAA & \frac{1}{8} \\
BABA & \frac{1}{16} \\
BBAA & \frac{1}{16}
\end{array}
$$

这些概率之和是$\frac{1}{4}+\frac{1}{8}+\frac{1}{8}+\frac{1}{16}+\frac{1}{16}+\frac{1}{16}=\frac{11}{16}$.

(　B　)

18. 一个大学生以常速(相对于水而言)在纳姆布卡(Nambucca)河中划舢板. 从鲍拉维尔(Bowraville)

到麦克斯维尔(Macksville)顺流而下要用 3 h,逆流而上要用 4 h. 设水流是常速的,则一块飘浮木头顺流而下,从鲍拉维尔飘到麦克斯维尔要用(　　).

A. 12 h　　B. 18 h　　C. 6 h

D. 24 h　　E. 36 h

解　设距离为 d km,河水流速为 y km/h,划船者在静水中的划行速度为 x km/h. 则有

$$\frac{d}{x+y}=3,\frac{d}{x-y}=4$$

方程可写为

$$x+y=\frac{d}{3} \quad (1)$$

$$x-y=\frac{d}{4} \quad (2)$$

(1) - (2) 得

$$2y=\frac{d}{3}-\frac{d}{4}=\frac{1}{12}((4-3)d)$$

于是 $y=\frac{d}{24}$,故需 24 h.　　(D)

19. 将边长分别为 9 cm 和 12 cm 的矩形对折,使得两个相对的顶点重合. 折痕的长度是(　　).

A. 11.25 cm　　B. 11.5 cm　　C. 11 cm

D. 12 cm　　E. 11.75 cm

解　图 5 表明,折痕跟对角线(长为 15 cm)相交成直角. 对 $\triangle QRS$ 应用毕达哥拉斯定理,我们可知

$$x^2+9^2=(12-x)^2$$

$$81 = 144 - 24x$$

$$x = \frac{144 - 81}{24} = \frac{63}{24} = \frac{21}{8}$$

于是 $12 - x = \frac{75}{8}$. 设折痕的长度为 $2y$. 对 $\triangle PQT$ 应用毕达哥拉斯定理,我们有

$$y^2 = (\frac{75}{8})^2 - (\frac{15}{2})^2 = \frac{75^2 - 60^2}{8^2} = \frac{45^2}{8^2}$$

因此,$y = \frac{45}{8}$,所以折痕长度等于$\frac{45}{4}$或 11.25.

(A)

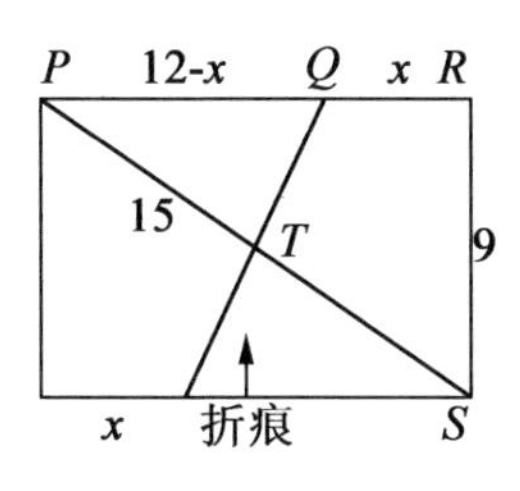

图5

20. 当1 991写为两个小于100的正整数的平方差时,较小的正整数为(　　).

A. 95　　B. 96　　C. 91

D. 93　　E. 85

解　我们注意1 991可分解为

$$1\,991 = x^2 - y^2 = (x + y)(x - y) = 11 \times 181$$

因 x 和 y 都为正,由 $x - y = 11$ 和 $x + y = 181$ 可得(由第二个方程减第一个方程)$2y = 170$,即 y(x 与 y 中较小者)等于85.　(E)

注　有一种平凡的分解,即 $1\,991 = 1 \times 1\,991$,由

它导出 x 和 y, $x=996$, $y=995$. 但它是不满足要求的,因为两数都大于100.

21. 设 p 和 q 是正整数,满足 $\frac{7}{10}<\frac{p}{q}<\frac{11}{15}$. 则 q 的最小可能的值是(　　).

A. 25　　B. 60　　C. 30

D. 7　　E. 6

解　很容易检验这样的一个分数的分母不能为1,2,3,4,或5. 试一下6,有 $\frac{4}{6}=0.66\cdots<\frac{7}{10}$, $\frac{5}{6}=0.83>\frac{11}{15}(=0.73\cdots)$. 因此, $\frac{5}{7}(=0.71\cdots)$ 是满足该不等式且分母最小者.　　(　D　)

22. 如图6,一个立方体的角都被切去,形成一些三角形面. 当该图形的所有24个角都用对角线连起来,这些对角线中穿过图形内部的共有多少条?(　　).

A. 84条　　B. 108条　　C. 120条

D. 142条　　E. 240条

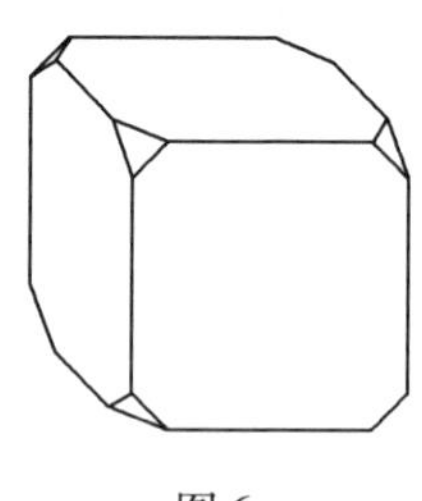

图6

解　任意一个角可通过图形内部的对角线跟其

他10个角相连.这里共有24个角,故穿过图形内部的对角线的总数(注意要用2除,以保证每条对角线只计算一次,避免重复计数)为$\frac{1}{2}(24\times10)=120$.

(C)

23. 由$|2x-3y|\leqslant12$和$|2x+3y|\leqslant12$所定义的点(x,y)的集合的面积是(　　).

A. 24　　B. 144　　C. 72

D. 48　　E. 96

解　若$|2x-3y|\leqslant12$,那么$-12\leqslant2x-3y\leqslant12$.所以我们的区域应位于两条直线$y=\frac{2}{3}x-4$和$y=\frac{2}{3}x+4$之间.

类似地,若$|2x+3y|\leqslant12$,那么$-12\leqslant2x+3y\leqslant12$,于是我们的区域还应在两条直线$y=-\frac{2}{3}x-4$和$y=-\frac{2}{3}x+4$之间.

所求的区域是图中画阴影的平行四边形(图7).

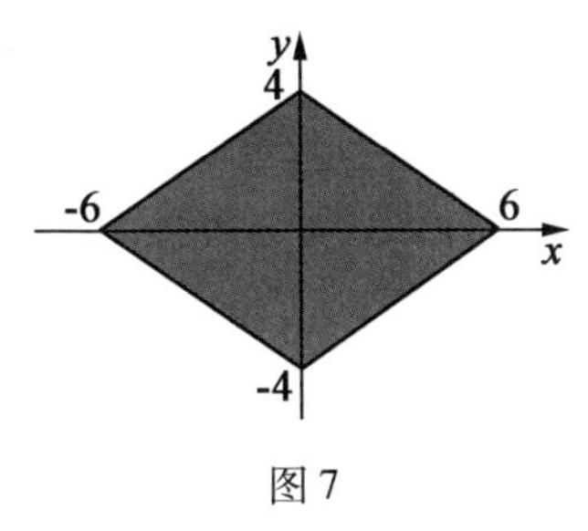

图7

整个面积(根据对称性)应等于位于第一象限的

底为 6 高为 4 的直角三角形面积的四倍,即 $4\times\frac{1}{2}\times 6\times 4=48$. (D)

24. 在图 8 中,$TQ=\frac{1}{2}ST$,$UR=\frac{1}{3}TU$ 而 $SP=\frac{1}{4}SU$. 已知 $\triangle STU$ 的面积是 1. $\triangle PQR$ 的面积为( ).

A. $\frac{8}{3}$　　B. 3　　C. $\frac{59}{24}$

D. 2　　E. $\frac{3}{2}$

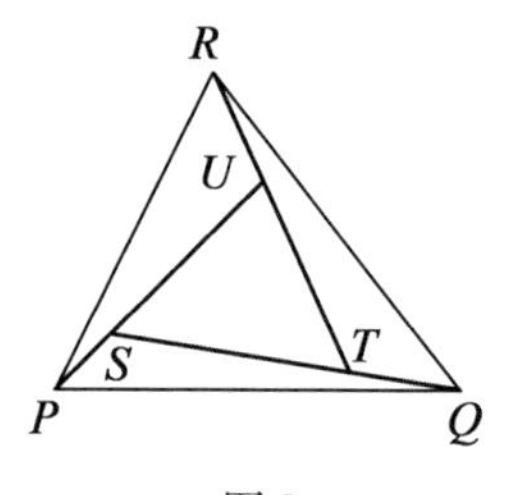

图 8

解　我们以如下步骤得出 $\triangle RPQ$ 的面积

$$\triangle RPQ \text{ 的面积} : \triangle UTQ \text{ 的面积}=\frac{1}{2}$$

即

$\triangle RUQ$ 的面积 $=\frac{1}{3}$,$\triangle UTQ$ 的面积 $=\frac{1}{3}\times\frac{1}{2}=\frac{1}{6}$

$\triangle PSQ$ 的面积 $=\frac{1}{4}$,$\triangle SQU$ 的面积 $=\frac{1}{4}\times\frac{3}{2}=\frac{3}{8}$

$\triangle STP$ 的面积 $=\frac{2}{3}$,$\triangle PSQ$ 的面积 $=\frac{2}{3}\times\frac{3}{8}=\frac{1}{4}$

$\triangle PRU$ 的面积 $=\frac{1}{3}(\triangle SUT+\triangle STP)=\frac{1}{3}\times\frac{5}{4}=\frac{5}{12}$

即

$$\triangle PRQ \text{ 的面积} =1+\frac{1}{2}+\frac{1}{6}+\frac{3}{8}+\frac{5}{12}=\frac{59}{24}$$

（　C　）

25. 在解二次方程时，克里斯托贝尔（Christobel）粗心地将 x^2 项的系数与常数项对换了，使得方程也变了. 她正确地解出了这个不同的方程，得到一个根是2，另一根等于原方程的一个根. 那么，原方程两根的平方和是（　　）.

A. 5　　B. 1　　C. $\frac{1}{4}$

D. $\frac{5}{4}$　　E. $\frac{3}{2}$

解　正确的方程是 $ax^2+bx+c=0$ 或等价地写为 $x^2+bx+c=0$. 错误的方程是 $cx^2+bx+1=0$. 用正确方程减错误方程得 $x^2(1-c)+c-1=0$ 或 $x^2=1$，条件是 $c\neq 1$（这个条件是满足的，因为两个方程是不同的），于是 $x=\pm 1$，因此错误的方程是 $(x-2)(x-1)=0$ 或是 $(x-2)(x+1)=0$ 即 $x^2-3x+2=0$ 或 $x^2-x-2=0$. 从而正确的方程是

$$2x^2-3x+1=0$$

或

$$-2x^2-x+1=0$$

$$(2x-1)(x-1)=0$$

$$(-2x+1)(x+1)=0$$

即 $x=\frac{1}{2},1$ 或 $x=\frac{1}{2},-1.$

无论哪种情形根的平方和都是 $1+\frac{1}{4}=\frac{5}{4}$. (D)

26. 若将乘积 $1\times3\times5\times7\times\cdots\times99$ 写成一个数,它的倒数第二个数字是(   ).

A. 2　　B. 7　　C. 5

D. 0　　E. 3

解　首先注意

$$\begin{aligned}&1\times3\times5\times\cdots\times99\\=&(51\times49)\times(53\times47)\times\cdots\times(99\times1)\\=&(50^2-1^2)\times(50^2-3^2)\times\cdots\times(50^2-49^2)\\=&N(50)^2+(-1)\times1^2\times3^2\times\cdots\times49^2\end{aligned}$$

其中 N 是整数. $1\times3\times\cdots\times49$ 能被25除尽,但不能被2除尽. 所以最后两位数是 $\cdots25$ 或 $\cdots75$. 又因 $25^2=625$ 而 $75^2=5\ 625$,所以

$$1^2\times3^2\times\cdots\times49^2=\cdots25$$

于是

$$1\times3\times5\times\cdots\times99=\cdots00-\cdots25=\cdots75$$

(B)

27. 在图9中,$PR=QR=12$ cm,$RS=RT=8$ cm. $RSXT$ 的面积是8 cm^2. $\triangle PRQ$ 的面积为(   ).

A. 18 cm^2　　B. 17 cm^2　　C. 16 cm^2

D. 15 cm^2　　E. 14 cm^2

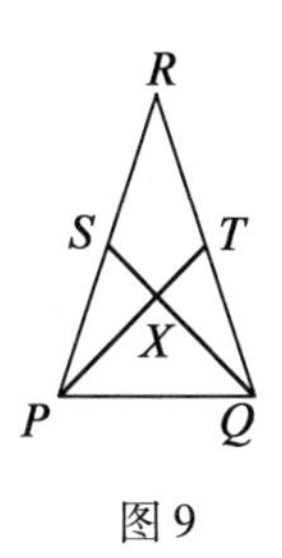

图9

解　令

$$x = \triangle PXS \text{ 的面积} = \triangle QXT \text{ 的面积}$$

$$y = \triangle PXQ \text{ 的面积}$$

那么

$$\frac{8}{4} = \frac{2}{1} = \frac{\triangle RXS \text{ 的面积}}{\triangle PXS \text{ 的面积}} = \frac{4}{x}$$

于是 $x = 2(\text{cm}^2)$.

因为

$$\frac{8}{4} = \frac{2}{1} = \frac{\triangle PTR \text{ 的面积}}{\triangle PTQ \text{ 的面积}} = \frac{8+x}{y+x} = \frac{10}{y+2}$$

我们有 $y = 3(\text{cm}^2)$，故 $\triangle PRQ$ 的面积为 $3+2+2+8=15(\text{cm}^2)$.　　(　D　)

28. 一名太空人在一个球形小行星的赤道上着陆之后他向北行 100 km，未到达北极点；接着向东行 100 km 再向南行 100 km. 一路上他没有重复到达过同一地点. 此时他发现自己位于出发点以东 200 km 处. 为了回到原出发点，他需要继续向东行多少千米？(　　).

A. 200 km　　B. 300 km　　C. 400 km

D. 500 km　　E. 600 km

解 令小行星的半径为r(图10(a),其中N是北极,L是太空人在赤道上的着陆点,M是向北行进100 km后到达的点). 取含有M纬线形成的截面(图10(b),其中P是在M之后到达的点).

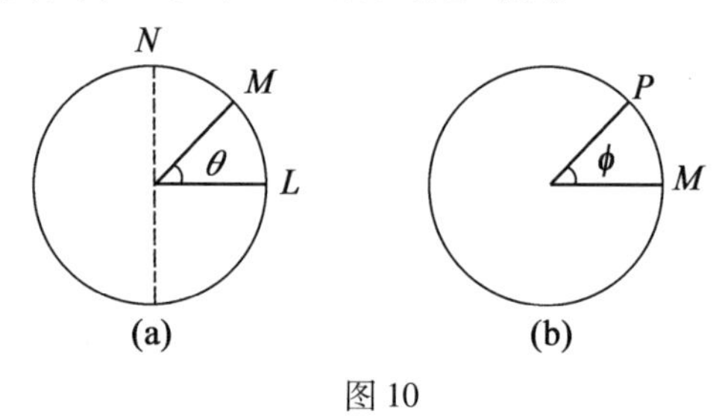

图10

由图(a)可知,该圆半径等于$r\cos\theta$. 由于弧$MP = 100$ km,故$\varphi = \dfrac{100}{r\cos\theta}$.

令Q是位于P南面100 km处赤道上的那个点(图11). 那么,赤道上的弧$QL = 200$,即$r\varphi = 200$. 总之,我们有$r\theta = 100$,$r\varphi\cos\theta = 100$且$r\varphi = 200$. 显然,$\cos\theta = \dfrac{1}{2}$,$\theta = \dfrac{1}{3}\pi$,$r = \dfrac{300}{\pi}$,故$2\pi r = 600$. 由此,可得答案为$600 - 200 = 400$. (C)

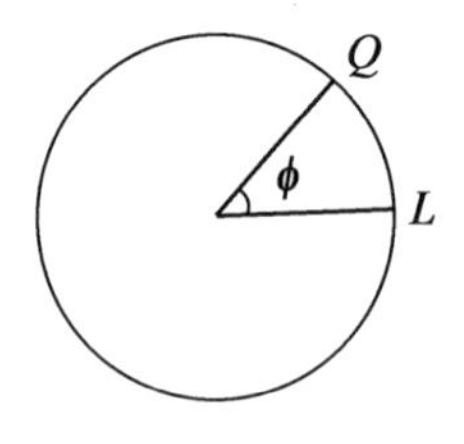

图11

29. 一只蚂蚁在坐标平面上爬行. 只要它发觉自己

停在了坐标为(x,y)的点上，它就开始不停地向坐标为$(-3x-y,7x+ky)$的点爬去，然后停在那儿，此处的k是一个整数.问k取什么值时，当你将蚂蚁放在平面上的某点，它经过有限次停止后又回到原来的点？(　　).

A. -1　　B. 0　　C. 1

D. 2　　E. 3

解　人们很快能"猜"到一些k的值，如取特殊的$(x,y)=(1,0)$.在变换之后为$(-3-0,7+0)=(-3,7)$，它与$(1,0)$不同.第二次变换给出$(9-7,-21+7k)=(2,-21+7k)$，它肯定也是不同的.第三步给出$(-6+21-7k,14-21k+7k^2)$或$(15-7k,14-21k+7k^2)$，当选$k=2$时，它将等于$(1,0)$.

不难证明，如果令$k=2$则对任一(x,y)，经过三次变换，即经$(-3x-y,7x+2y)$，$(2x+y,-7x-3y)$回到(x,y).　　(D)

编辑手记

数学竞赛是一项吸引人的活动,著名数学家 M. Gardner 指出:初学者解答一个巧题时得到了快乐,数学家解决了更先进的问题时也得到了快乐,在这两种快乐之间没有很大的区别.二者都关注美丽动人之处——即支撑着所有结构的那匀称的,定义分明的,神秘的和迷人的秩序.

由于中国数学奥林匹克如同乒乓球和围棋一样在世界享有盛誉,所以有关数学竞赛的书籍也多如牛毛,但这是本工作室首次出版澳大利亚的数学竞赛题解.

澳大利亚笔者没有去过,但与之相邻的新西兰笔者去过多次,虽然新西兰

也出过菲尔兹奖得主即琼斯——琼斯多项式的提出者,但整体上数学教育水平还是澳大利亚略高一筹.以至于新西兰中小学生参加的数学竞赛还是使用澳大利亚的竞赛题目,按说从历史上看新西兰的早期移民大多是欧洲的贵族,而澳大利亚居民大多是被发配的罪犯,经过百年的历史演变可以看出社会制度的威力,这是值得我们深思的.再一个可供我们反思的是澳大利亚慢生活的魅力.我们近四十年来,高歌猛进,大干快上,锐意进取,岁月匆匆.

回顾历史,19世纪的欧洲,大量的娱乐时间意味着一个人的社会地位很高:一位哲学家曾这样描述1840年前后巴黎文人、学士的生活——他们的时间十分富余,以至于在游乐场遛乌龟成了一件非常时髦的事情,类似的项目在澳大利亚还能找到.

摘一段《数学竞赛史话》(单墫著,广西教育出版社,1990.)中关于澳大利亚数学竞赛的介绍.

> 第29届IMO于1988年在澳大利亚首都堪培拉举行.
>
> 这一届IMO有49个国家和地区参加,选手达到268名.规模之大超过以往任何一届.
>
> 这一年,恰逢澳大利亚建国200周年,整个IMO的活动在十分热烈、隆重的气氛中进行.
>
> 这是第一次在南半球举行的IMO,也是

第一次在亚洲地区和太平洋沿岸地区举行的IMO.参赛的非欧洲国家和地区有25个,第一次超过了欧洲国家(24个).

东道主澳大利亚自1971年开展全国性的数学竞赛,并且在70年代末成立了设在国家科学院之下的澳大利亚数学奥林匹克委员会,该委员会专门负责选拔和培训澳大利亚参加IMO的代表队.澳大利亚各州都有一名人员参加这个委员会的工作.澳大利亚自1981年起,每年都参加IMO.IMO(物理、化学奥林匹克)的培训都在堪培拉高等教育学院进行.澳大利亚数学会一直对这个活动给予经费与业务方面的支持和帮助.澳大利亚IBM有限公司每年提供赞助.

早在1982年,澳大利亚数学会及一些数学界、教育界人士就提出在1988年庆祝该国建国200周年之际举办IMO.澳大利亚政府接受了这一建议,并确定第29届IMO为澳大利亚建国200周年的教育庆祝活动.在1984年成立了"澳大利亚1988年IMO委员会".委员会的成员包括政府、科学、教育、企业等各界人士.澳大利亚为第29届IMO做了大量准备工作,政府要员也纷纷出马.总理霍克与教育部部长为举办IMO所印的宣传册等写祝词.霍克还出席了竞赛的颁奖仪式,他亲自为荣获金奖(一等奖)的17位中

学生(包括我国的何宏宇和陈晞)颁奖,并发表了热情洋溢的讲话.竞赛期间澳大利亚国土部部长在国会大厦为各国领队举行了招待会,国家科学院院长也举办了鸡尾酒会.竞赛结束时,教育部部长设宴招待所有参加IMO的人员.澳大利亚数学界的教授、学者也做了大量的组织接待及业务工作,为这届IMO做出了巨大的贡献.竞赛地点在堪培拉高等教育学院.组织者除了堪培拉的活动外,还安排了各代表队在悉尼的旅游.澳大利亚IBM公司将这届IMO列为该公司1988年的14项工作之一,它是这届IMO的最大的赞助商.

竞赛的最高领导机构是"澳大利亚1988年IMO委员会",由23人组成(其中有7位教授,4位博士).主席为澳大利亚科学院院士、亚特兰大大学的波茨(R. Potts)教授.在1984年至1988年期间,该委员会开过3次会来确定组织机构、组织方案、经费筹措等重大问题.在1984年的会议上决定成立"1988年IMO组织委员会",负责具体的组织工作.

组委会共有13人(其中有3位教授,4位博士),主席为堪培拉高等教育学院的奥哈伦(P. J. O' Halloran)先生,波茨教授也是组委会委员.

组委会下设6个委员会.

1. 学术委员会

主席由组委会委员、新南威尔士大学的戴维·亨特(D. Hunt)博士担任. 下设两个委员会:

(1)选题委员会. 由6人组成(包括3位教授,1位副教授和1位博士. 其中有两位为科学院院士). 该委员会负责对各国提供的竞赛题进行审查、挑选,并推荐其中的一些题目给主试委员会讨论.

(2)协调委员会. 由主任协调员1人,高级协调员6人(其中有两位教授,1位副教授,1位博士),协调员33人(其中有5位副教授,18位博士)组成. 协调员中有5位曾代表澳大利亚参加IMO并获奖. 协调委员会负责试卷的评分工作:分为6个组,每组在1位高级协调员的领导下核定一道试题的评分.

2. 活动计划委员会

该委员会有70人左右,负责竞赛期间各代表队的食宿、交通、活动等后勤工作. 给每个代表队配备1位向导. 向导身着印有IMO标记的统一服装. 各队如有什么要求或问题均可通过向导反映. IMO的一切活动也由向导传送到各代表队.

3. 信息委员会

负责竞赛前及竞赛期间的文件的编印,

准备奖品和证书等.

4. 礼仪委员会

负责澳大利亚政府为 1988 年 IMO 组织的庆典仪式、宴会等活动. 由内阁有关部门、澳大利亚数学基金会、首都特区教育部门、一些院校及社会公益部门的人员组成.

5. 财务委员会

负责这届 IMO 的财务管理. 由两位博士分别担任主席和顾问,一位教授任司库.

6. 主试委员会(Jury,或译为评审委员会)

由澳大利亚数学界人士和各国或地区领队组成. 主席为波茨教授. 另设副主席、翻译、秘书各 1 位.

主试委员会为 IMO 的核心. 有关竞赛的任何重大问题必须经主试委员会表决通过后才能施行,所以主席必须是数学界的权威人士,办事果断并具有相当的外交经验.

以上 6 个委员会共约 140 人,有些人身兼数职. 各机构职能分明又互相配合.

这届竞赛活动于 1988 年 7 月 9 日开始. 各代表队在当日抵达悉尼并于当日去新南威尔士大学报到. 领队报到后就离开代表队住在另一个宾馆,并于 11 日去往堪培拉. 各代表队在副领队的带领下由澳大利亚方面安排在悉尼参观游览,14 日去往堪培拉,住在堪培拉高等教育学院.

领队抵达堪培拉后,住在澳大利亚国立大学,参加主试委员会,确定竞赛试题,译成本国文字.在竞赛的第二天(16日)领队与本国或本地区代表队汇合,并与副领队一起批阅试卷.

竞赛在15、16日两天上午进行,从8:30开始,有15个考场,每个考场有17至18名学生.同一代表队的选手分布在不同的考场.比赛的前半小时(8:30－9:00)为学生提问时间.每个学生有三张试卷,一题一张;又有三张专供提问的纸,也是一题一张.试卷和问题纸上印有学生的编号和题号.学生将问题写在问题纸上由传递员传送.此时领队们在距考场不远的教室等候.学生所提问题由传递员首先送给主试委员会主席过目后,再交给领队.领队必须将学生所提问题译成工作语言当众宣读,由主试委员会决定是否应当回答.领队的回答写好后,必须当众宣读,经主试委员会表决同意后,再由传递员送给学生.

阅卷的结果及时公布在记分牌上.各代表队的成绩如何,一目了然.

根据中国香港代表队的建议,第29届IMO首次设立了荣誉奖,颁发给那些虽然未能获得一、二、三等奖,但至少有一道题得到

满分的选手. 于是有26个代表队的33名选手获得了荣誉奖,其中有7个代表队是没有获得一、二、三等奖的. 设置荣誉奖的做法,显然有利于调动更多国家或地区、更多选手的积极性.

在整个竞赛期间,澳大利亚工作人员认真负责,彬彬有礼,效率之高令人赞叹!

为了表达对大家的感谢,荷兰领队J. Noten boom教授完成了一件奇迹般的工作,他用200个高脚玻璃杯组成了一个大球(非常优美的数学模型!),在告别宴会上赠给组委会主席奥哈伦教授.

单墫教授当年在这本著作出版后即赠了一本给笔者,二十多年过去了,这本书仍留在笔者的案头上,听说最近又要再版了.

寥寥数语,是以为记.

刘培杰
2019.2.21
于哈工大

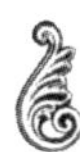

刘培杰数学工作室
已出版(即将出版)图书目录——初等数学

书　　名	出版时间	定　价	编号
新编中学数学解题方法全书(高中版)上卷(第2版)	2018－08	58.00	951
新编中学数学解题方法全书(高中版)中卷(第2版)	2018－08	68.00	952
新编中学数学解题方法全书(高中版)下卷(一)(第2版)	2018－08	58.00	953
新编中学数学解题方法全书(高中版)下卷(二)(第2版)	2018－08	58.00	954
新编中学数学解题方法全书(高中版)下卷(三)(第2版)	2018－08	68.00	955
新编中学数学解题方法全书(初中版)上卷	2008－01	28.00	29
新编中学数学解题方法全书(初中版)中卷	2010－07	38.00	75
新编中学数学解题方法全书(高考复习卷)	2010－01	48.00	67
新编中学数学解题方法全书(高考真题卷)	2010－01	38.00	62
新编中学数学解题方法全书(高考精华卷)	2011－03	68.00	118
新编平面解析几何解题方法全书(专题讲座卷)	2010－01	18.00	61
新编中学数学解题方法全书(自主招生卷)	2013－08	88.00	261
数学奥林匹克与数学文化(第一辑)	2006－05	48.00	4
数学奥林匹克与数学文化(第二辑)(竞赛卷)	2008－01	48.00	19
数学奥林匹克与数学文化(第二辑)(文化卷)	2008－07	58.00	36′
数学奥林匹克与数学文化(第三辑)(竞赛卷)	2010－01	48.00	59
数学奥林匹克与数学文化(第四辑)(竞赛卷)	2011－08	58.00	87
数学奥林匹克与数学文化(第五辑)	2015－06	98.00	370
世界著名平面几何经典著作钩沉——几何作图专题卷(上)	2009－06	48.00	49
世界著名平面几何经典著作钩沉——几何作图专题卷(下)	2011－01	88.00	80
世界著名平面几何经典著作钩沉(民国平面几何老课本)	2011－03	38.00	113
世界著名平面几何经典著作钩沉(建国初期平面三角老课本)	2015－08	38.00	507
世界著名解析几何经典著作钩沉——平面解析几何卷	2014－01	38.00	264
世界著名数论经典著作钩沉(算术卷)	2012－01	28.00	125
世界著名数学经典著作钩沉——立体几何卷	2011－02	28.00	88
世界著名三角学经典著作钩沉(平面三角卷Ⅰ)	2010－06	28.00	69
世界著名三角学经典著作钩沉(平面三角卷Ⅱ)	2011－01	38.00	78
世界著名初等数论经典著作钩沉(理论和实用算术卷)	2011－07	38.00	126
发展你的空间想象力	2017－06	38.00	785
空间想象力进阶	2019－05	68.00	1062
走向国际数学奥林匹克的平面几何试题诠释.第1卷	即将出版		1043
走向国际数学奥林匹克的平面几何试题诠释.第2卷	即将出版		1044
走向国际数学奥林匹克的平面几何试题诠释.第3卷	2019－03	78.00	1045
走向国际数学奥林匹克的平面几何试题诠释.第4卷	即将出版		1046
平面几何证明方法全书	2007－08	35.00	1
平面几何证明方法全书习题解答(第2版)	2006－12	18.00	10
平面几何天天练上卷·基础篇(直线型)	2013－01	58.00	208
平面几何天天练中卷·基础篇(涉及圆)	2013－01	28.00	234
平面几何天天练下卷·提高篇	2013－01	58.00	237
平面几何专题研究	2013－07	98.00	258

刘培杰数学工作室
已出版(即将出版)图书目录——初等数学

书　　名	出版时间	定　价	编号
最新世界各国数学奥林匹克中的平面几何试题	2007-09	38.00	14
数学竞赛平面几何典型题及新颖解	2010-07	48.00	74
初等数学复习及研究(平面几何)	2008-09	58.00	38
初等数学复习及研究(立体几何)	2010-06	38.00	71
初等数学复习及研究(平面几何)习题解答	2009-01	48.00	42
几何学教程(平面几何卷)	2011-03	68.00	90
几何学教程(立体几何卷)	2011-07	68.00	130
几何变换与几何证题	2010-06	88.00	70
计算方法与几何证题	2011-06	28.00	129
立体几何技巧与方法	2014-04	88.00	293
几何瑰宝——平面几何500名题暨1000条定理(上、下)	2010-07	138.00	76,77
三角形的解法与应用	2012-07	18.00	183
近代的三角形几何学	2012-07	48.00	184
一般折线几何学	2015-08	48.00	503
三角形的五心	2009-06	28.00	51
三角形的六心及其应用	2015-10	68.00	542
三角形趣谈	2012-08	28.00	212
解三角形	2014-01	28.00	265
三角学专门教程	2014-09	28.00	387
图天下几何新题试卷.初中(第2版)	2017-11	58.00	855
圆锥曲线习题集(上册)	2013-06	68.00	255
圆锥曲线习题集(中册)	2015-01	78.00	434
圆锥曲线习题集(下册·第1卷)	2016-10	78.00	683
圆锥曲线习题集(下册·第2卷)	2018-01	98.00	853
论九点圆	2015-05	88.00	645
近代欧氏几何学	2012-03	48.00	162
罗巴切夫斯基几何学及几何基础概要	2012-07	28.00	188
罗巴切夫斯基几何学初步	2015-06	28.00	474
用三角、解析几何、复数、向量计算解数学竞赛几何题	2015-03	48.00	455
美国中学几何教程	2015-04	88.00	458
三线坐标与三角形特征点	2015-04	98.00	460
平面解析几何方法与研究(第1卷)	2015-05	18.00	471
平面解析几何方法与研究(第2卷)	2015-06	18.00	472
平面解析几何方法与研究(第3卷)	2015-07	18.00	473
解析几何研究	2015-01	38.00	425
解析几何学教程.上	2016-01	38.00	574
解析几何学教程.下	2016-01	38.00	575
几何学基础	2016-01	58.00	581
初等几何研究	2015-02	58.00	444
十九和二十世纪欧氏几何学中的片段	2017-01	58.00	696
平面几何中考.高考.奥数一本通	2017-07	28.00	820
几何学简史	2017-08	28.00	833
四面体	2018-01	48.00	880
平面几何证明方法思路	2018-12	68.00	913
平面几何图形特性新析.上篇	2019-01	68.00	911
平面几何图形特性新析.下篇	2018-06	88.00	912
平面几何范例多解探究.上篇	2018-04	48.00	910
平面几何范例多解探究.下篇	2018-12	68.00	914
从分析解题过程学解题:竞赛中的几何问题研究	2018-07	68.00	946
二维、三维欧氏几何的对偶原理	2018-12	38.00	990
星形大观及闭折线论	2019-03	68.00	1020

刘培杰数学工作室
已出版(即将出版)图书目录——初等数学

书　　名	出版时间	定　价	编号
俄罗斯平面几何问题集	2009－08	88.00	55
俄罗斯立体几何问题集	2014－03	58.00	283
俄罗斯几何大师——沙雷金论数学及其他	2014－01	48.00	271
来自俄罗斯的 5000 道几何习题及解答	2011－03	58.00	89
俄罗斯初等数学问题集	2012－05	38.00	177
俄罗斯函数问题集	2011－03	38.00	103
俄罗斯组合分析问题集	2011－01	48.00	79
俄罗斯初等数学万题选——三角卷	2012－11	38.00	222
俄罗斯初等数学万题选——代数卷	2013－08	68.00	225
俄罗斯初等数学万题选——几何卷	2014－01	68.00	226
俄罗斯《量子》杂志数学征解问题 100 题选	2018－08	48.00	969
俄罗斯《量子》杂志数学征解问题又 100 题选	2018－08	48.00	970
463 个俄罗斯几何老问题	2012－01	28.00	152
《量子》数学短文精粹	2018－09	38.00	972
谈谈素数	2011－03	18.00	91
平方和	2011－03	18.00	92
整数论	2011－05	38.00	120
从整数谈起	2015－10	28.00	538
数与多项式	2016－01	38.00	558
谈谈不定方程	2011－05	28.00	119
解析不等式新论	2009－06	68.00	48
建立不等式的方法	2011－03	98.00	104
数学奥林匹克不等式研究	2009－08	68.00	56
不等式研究(第二辑)	2012－02	68.00	153
不等式的秘密(第一卷)	2012－02	28.00	154
不等式的秘密(第一卷)(第 2 版)	2014－02	38.00	286
不等式的秘密(第二卷)	2014－01	38.00	268
初等不等式的证明方法	2010－06	38.00	123
初等不等式的证明方法(第二版)	2014－11	38.00	407
不等式・理论・方法(基础卷)	2015－07	38.00	496
不等式・理论・方法(经典不等式卷)	2015－07	38.00	497
不等式・理论・方法(特殊类型不等式卷)	2015－07	48.00	498
不等式探究	2016－03	38.00	582
不等式探秘	2017－01	88.00	689
四面体不等式	2017－01	68.00	715
数学奥林匹克中常见重要不等式	2017－09	38.00	845
三正弦不等式	2018－09	98.00	974
函数方程与不等式:解法与稳定性结果	2019－04	68.00	1058
同余理论	2012－05	38.00	163
[x]与{x}	2015－04	48.00	476
极值与最值. 上卷	2015－06	28.00	486
极值与最值. 中卷	2015－06	38.00	487
极值与最值. 下卷	2015－06	28.00	488
整数的性质	2012－11	38.00	192
完全平方数及其应用	2015－08	78.00	506
多项式理论	2015－10	88.00	541
奇数、偶数、奇偶分析法	2018－01	98.00	876
不定方程及其应用. 上	2018－12	58.00	992
不定方程及其应用. 中	2019－01	78.00	993
不定方程及其应用. 下	2019－02	98.00	994

刘培杰数学工作室
已出版(即将出版)图书目录——初等数学

书　　名	出版时间	定　价	编号
历届美国中学生数学竞赛试题及解答(第一卷)1950—1954	2014—07	18.00	277
历届美国中学生数学竞赛试题及解答(第二卷)1955—1959	2014—04	18.00	278
历届美国中学生数学竞赛试题及解答(第三卷)1960—1964	2014—06	18.00	279
历届美国中学生数学竞赛试题及解答(第四卷)1965—1969	2014—04	28.00	280
历届美国中学生数学竞赛试题及解答(第五卷)1970—1972	2014—06	18.00	281
历届美国中学生数学竞赛试题及解答(第六卷)1973—1980	2017—07	18.00	768
历届美国中学生数学竞赛试题及解答(第七卷)1981—1986	2015—01	18.00	424
历届美国中学生数学竞赛试题及解答(第八卷)1987—1990	2017—05	18.00	769
历届 IMO 试题集(1959—2005)	2006—05	58.00	5
历届 CMO 试题集	2008—09	28.00	40
历届中国数学奥林匹克试题集(第 2 版)	2017—03	38.00	757
历届加拿大数学奥林匹克试题集	2012—08	38.00	215
历届美国数学奥林匹克试题集:多解推广加强	2012—08	38.00	209
历届美国数学奥林匹克试题集:多解推广加强(第 2 版)	2016—03	48.00	592
历届波兰数学竞赛试题集. 第 1 卷,1949～1963	2015—03	18.00	453
历届波兰数学竞赛试题集. 第 2 卷,1964～1976	2015—03	18.00	454
历届巴尔干数学奥林匹克试题集	2015—05	38.00	466
保加利亚数学奥林匹克	2014—10	38.00	393
圣彼得堡数学奥林匹克试题集	2015—01	38.00	429
匈牙利奥林匹克数学竞赛题解. 第 1 卷	2016—05	28.00	593
匈牙利奥林匹克数学竞赛题解. 第 2 卷	2016—05	28.00	594
历届美国数学邀请赛试题集(第 2 版)	2017—10	78.00	851
全国高中数学竞赛试题及解答. 第 1 卷	2014—07	38.00	331
普林斯顿大学数学竞赛	2016—06	38.00	669
亚太地区数学奥林匹克竞赛题	2015—07	18.00	492
日本历届(初级)广中杯数学竞赛试题及解答. 第 1 卷(2000～2007)	2016—05	28.00	641
日本历届(初级)广中杯数学竞赛试题及解答. 第 2 卷(2008～2015)	2016—05	38.00	642
360 个数学竞赛问题	2016—08	58.00	677
奥数最佳实战题. 上卷	2017—06	38.00	760
奥数最佳实战题. 下卷	2017—05	58.00	761
哈尔滨市早期中学数学竞赛试题汇编	2016—07	28.00	672
全国高中数学联赛试题及解答:1981—2017(第 2 版)	2018—05	98.00	920
20 世纪 50 年代全国部分城市数学竞赛试题汇编	2017—07	28.00	797
高中数学竞赛培训教程:平面几何问题的求解方法与策略. 上	2018—05	68.00	906
高中数学竞赛培训教程:平面几何问题的求解方法与策略. 下	2018—06	78.00	907
高中数学竞赛培训教程:整除与同余以及不定方程	2018—01	88.00	908
高中数学竞赛培训教程:组合计数与组合极值	2018—04	48.00	909
高中数学竞赛培训教程:初等代数	2019—04	78.00	1042
国内外数学竞赛题及精解:2016～2017	2018—07	45.00	922
许康华竞赛优学精选集. 第一辑	2018—08	68.00	949
高考数学临门一脚(含密押三套卷)(理科版)	2017—01	45.00	743
高考数学临门一脚(含密押三套卷)(文科版)	2017—01	45.00	744
新课标高考数学题型全归纳(文科版)	2015—05	72.00	467
新课标高考数学题型全归纳(理科版)	2015—05	82.00	468
洞穿高考数学解答题核心考点(理科版)	2015—11	49.80	550
洞穿高考数学解答题核心考点(文科版)	2015—11	46.80	551

刘培杰数学工作室
已出版(即将出版)图书目录——初等数学

书　　名	出版时间	定　价	编号
高考数学题型全归纳:文科版.上	2016－05	53.00	663
高考数学题型全归纳:文科版.下	2016－05	53.00	664
高考数学题型全归纳:理科版.上	2016－05	58.00	665
高考数学题型全归纳:理科版.下	2016－05	58.00	666
王连笑教你怎样学数学:高考选择题解题策略与客观题实用训练	2014－01	48.00	262
王连笑教你怎样学数学:高考数学高层次讲座	2015－02	48.00	432
高考数学的理论与实践	2009－08	38.00	53
高考数学核心题型解题方法与技巧	2010－01	28.00	86
高考思维新平台	2014－03	38.00	259
30 分钟拿下高考数学选择题、填空题(理科版)	2016－10	39.80	720
30 分钟拿下高考数学选择题、填空题(文科版)	2016－10	39.80	721
高考数学压轴题解题诀窍(上)(第 2 版)	2018－01	58.00	874
高考数学压轴题解题诀窍(下)(第 2 版)	2018－01	48.00	875
北京市五区文科数学三年高考模拟题详解:2013～2015	2015－08	48.00	500
北京市五区理科数学三年高考模拟题详解:2013～2015	2015－09	68.00	505
向量法巧解数学高考题	2009－08	28.00	54
高考数学万能解题法(第 2 版)	即将出版	38.00	691
高考物理万能解题法(第 2 版)	即将出版	38.00	692
高考化学万能解题法(第 2 版)	即将出版	28.00	693
高考生物万能解题法(第 2 版)	即将出版	28.00	694
高考数学解题金典(第 2 版)	2017－01	78.00	716
高考物理解题金典(第 2 版)	2019－05	68.00	717
高考化学解题金典(第 2 版)	2019－05	58.00	718
我一定要赚分:高中物理	2016－01	38.00	580
数学高考参考	2016－01	78.00	589
2011～2015 年全国及各省市高考数学文科精品试题审题要津与解法研究	2015－10	68.00	539
2011～2015 年全国及各省市高考数学理科精品试题审题要津与解法研究	2015－10	88.00	540
最新全国及各省市高考数学试卷解法研究及点拨评析	2009－02	38.00	41
2011 年全国及各省市高考数学试题审题要津与解法研究	2011－10	48.00	139
2013 年全国及各省市高考数学试题解析与点评	2014－01	48.00	282
全国及各省市高考数学试题审题要津与解法研究	2015－02	48.00	450
新课标高考数学——五年试题分章详解(2007～2011)(上、下)	2011－10	78.00	140,141
全国中考数学压轴题审题要津与解法研究	2013－04	78.00	248
新编全国及各省市中考数学压轴题审题要津与解法研究	2014－05	58.00	342
全国及各省市 5 年中考数学压轴题审题要津与解法研究(2015 版)	2015－04	58.00	462
中考数学专题总复习	2007－04	28.00	6
中考数学较难题、难题常考题型解题方法与技巧.上	2016－01	48.00	584
中考数学较难题、难题常考题型解题方法与技巧.下	2016－01	58.00	585
中考数学较难题常考题型解题方法与技巧	2016－09	48.00	681
中考数学难题常考题型解题方法与技巧	2016－09	48.00	682
中考数学中档题常考题型解题方法与技巧	2017－08	68.00	835
中考数学选择填空压轴好题妙解 365	2017－05	38.00	759

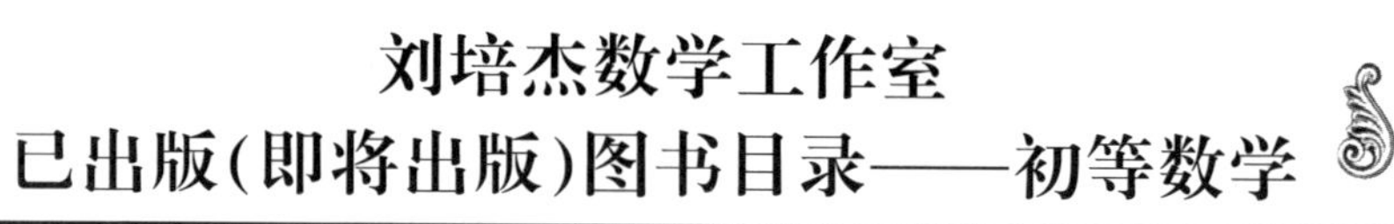

刘培杰数学工作室
已出版(即将出版)图书目录——初等数学

书　　名	出版时间	定　价	编号
中考数学小压轴汇编初讲	2017—07	48.00	788
中考数学大压轴专题微言	2017—09	48.00	846
北京中考数学压轴题解题方法突破(第4版)	2019—01	58.00	1001
助你高考成功的数学解题智慧:知识是智慧的基础	2016—01	58.00	596
助你高考成功的数学解题智慧:错误是智慧的试金石	2016—04	58.00	643
助你高考成功的数学解题智慧:方法是智慧的推手	2016—04	68.00	657
高考数学奇思妙解	2016—04	38.00	610
高考数学解题策略	2016—05	48.00	670
数学解题泄天机(第2版)	2017—10	48.00	850
高考物理压轴题全解	2017—04	48.00	746
高中物理经典问题25讲	2017—05	28.00	764
高中物理教学讲义	2018—01	48.00	871
2016年高考文科数学真题研究	2017—04	58.00	754
2016年高考理科数学真题研究	2017—04	78.00	755
2017年高考理科数学真题研究	2018—01	58.00	867
2017年高考文科数学真题研究	2018—01	48.00	868
初中数学、高中数学脱节知识补缺教材	2017—06	48.00	766
高考数学小题抢分必练	2017—10	48.00	834
高考数学核心素养解读	2017—09	38.00	839
高考数学客观题解题方法和技巧	2017—10	38.00	847
十年高考数学精品试题审题要津与解法研究.上卷	2018—01	68.00	872
十年高考数学精品试题审题要津与解法研究.下卷	2018—01	58.00	873
中国历届高考数学试题及解答.1949—1979	2018—01	38.00	877
历届中国高考数学试题及解答.第二卷,1980—1989	2018—10	28.00	975
历届中国高考数学试题及解答.第三卷,1990—1999	2018—10	48.00	976
数学文化与高考研究	2018—03	48.00	882
跟我学解高中数学题	2018—07	58.00	926
中学数学研究的方法及案例	2018—05	58.00	869
高考数学抢分技能	2018—07	68.00	934
高一新生常用数学方法和重要数学思想提升教材	2018—06	38.00	921
2018年高考数学真题研究	2019—01	68.00	1000
高考数学全国卷16道选择、填空题常考题型解题诀窍:理科	2018—09	88.00	971

书　　名	出版时间	定　价	编号
新编640个世界著名数学智力趣题	2014—01	88.00	242
500个最新世界著名数学智力趣题	2008—06	48.00	3
400个最新世界著名数学最值问题	2008—09	48.00	36
500个世界著名数学征解问题	2009—06	48.00	52
400个中国最佳初等数学征解老问题	2010—01	48.00	60
500个俄罗斯数学经典老题	2011—01	28.00	81
1000个国外中学物理好题	2012—04	48.00	174
300个日本高考数学题	2012—05	38.00	142
700个早期日本高考数学试题	2017—02	88.00	752
500个前苏联早期高考数学试题及解答	2012—05	28.00	185
546个早期俄罗斯大学生数学竞赛题	2014—03	38.00	285
548个来自美苏的数学好问题	2014—11	28.00	396
20所苏联著名大学早期入学试题	2015—02	18.00	452
161道德国工科大学生必做的微分方程习题	2015—05	28.00	469
500个德国工科大学生必做的高数习题	2015—06	28.00	478
360个数学竞赛问题	2016—08	58.00	677
200个趣味数学故事	2018—02	48.00	857
470个数学奥林匹克中的最值问题	2018—10	88.00	985
德国讲义日本考题.微积分卷	2015—04	48.00	456
德国讲义日本考题.微分方程卷	2015—04	38.00	457
二十世纪中叶中、英、美、日、法、俄高考数学试题精选	2017—06	38.00	783

刘培杰数学工作室
已出版(即将出版)图书目录——初等数学

书　　名	出版时间	定　价	编号
中国初等数学研究　2009 卷(第 1 辑)	2009－05	20.00	45
中国初等数学研究　2010 卷(第 2 辑)	2010－05	30.00	68
中国初等数学研究　2011 卷(第 3 辑)	2011－07	60.00	127
中国初等数学研究　2012 卷(第 4 辑)	2012－07	48.00	190
中国初等数学研究　2014 卷(第 5 辑)	2014－02	48.00	288
中国初等数学研究　2015 卷(第 6 辑)	2015－06	68.00	493
中国初等数学研究　2016 卷(第 7 辑)	2016－04	68.00	609
中国初等数学研究　2017 卷(第 8 辑)	2017－01	98.00	712

书　　名	出版时间	定　价	编号
几何变换(Ⅰ)	2014－07	28.00	353
几何变换(Ⅱ)	2015－06	28.00	354
几何变换(Ⅲ)	2015－01	38.00	355
几何变换(Ⅳ)	2015－12	38.00	356

书　　名	出版时间	定　价	编号
初等数论难题集(第一卷)	2009－05	68.00	44
初等数论难题集(第二卷)(上、下)	2011－02	128.00	82,83
数论概貌	2011－03	18.00	93
代数数论(第二版)	2013－08	58.00	94
代数多项式	2014－06	38.00	289
初等数论的知识与问题	2011－02	28.00	95
超越数论基础	2011－03	28.00	96
数论初等教程	2011－03	28.00	97
数论基础	2011－03	18.00	98
数论基础与维诺格拉多夫	2014－03	18.00	292
解析数论基础	2012－08	28.00	216
解析数论基础(第二版)	2014－01	48.00	287
解析数论问题集(第二版)(原版引进)	2014－05	88.00	343
解析数论问题集(第二版)(中译本)	2016－04	88.00	607
解析数论基础(潘承洞,潘承彪著)	2016－07	98.00	673
解析数论导引	2016－07	58.00	674
数论入门	2011－03	38.00	99
代数数论入门	2015－03	38.00	448
数论开篇	2012－07	28.00	194
解析数论引论	2011－03	48.00	100
Barban Davenport Halberstam 均值和	2009－01	40.00	33
基础数论	2011－03	28.00	101
初等数论 100 例	2011－05	18.00	122
初等数论经典例题	2012－07	18.00	204
最新世界各国数学奥林匹克中的初等数论试题(上、下)	2012－01	138.00	144,145
初等数论(Ⅰ)	2012－01	18.00	156
初等数论(Ⅱ)	2012－01	18.00	157
初等数论(Ⅲ)	2012－01	28.00	158

刘培杰数学工作室
已出版(即将出版)图书目录——初等数学

书 名	出版时间	定 价	编号
平面几何与数论中未解决的新老问题	2013—01	68.00	229
代数数论简史	2014—11	28.00	408
代数数论	2015—09	88.00	532
代数、数论及分析习题集	2016—11	98.00	695
数论导引提要及习题解答	2016—01	48.00	559
素数定理的初等证明.第2版	2016—09	48.00	686
数论中的模函数与狄利克雷级数(第二版)	2017—11	78.00	837
数论:数学导引	2018—01	68.00	849
范式大代数	2019—02	98.00	1016
解析数学讲义.第一卷,导来式及微分、积分、级数	2019—04	88.00	1021
解析数学讲义.第二卷,关于几何的应用	2019—04	68.00	1022
解析数学讲义.第三卷,解析函数论	2019—04	78.00	1023
分析・组合・数论纵横谈	2019—04	58.00	1039
数学精神巡礼	2019—01	58.00	731
数学眼光透视(第2版)	2017—06	78.00	732
数学思想领悟(第2版)	2018—01	68.00	733
数学方法溯源(第2版)	2018—08	68.00	734
数学解题引论	2017—05	58.00	735
数学史话览胜(第2版)	2017—01	48.00	736
数学应用展观(第2版)	2017—08	68.00	737
数学建模尝试	2018—04	48.00	738
数学竞赛采风	2018—01	68.00	739
数学测评探营	2019—05	58.00	740
数学技能操握	2018—03	48.00	741
数学欣赏拾趣	2018—02	48.00	742
从毕达哥拉斯到怀尔斯	2007—10	48.00	9
从迪利克雷到维斯卡尔迪	2008—01	48.00	21
从哥德巴赫到陈景润	2008—05	98.00	35
从庞加莱到佩雷尔曼	2011—08	138.00	136
博弈论精粹	2008—03	58.00	30
博弈论精粹.第二版(精装)	2015—01	88.00	461
数学 我爱你	2008—01	28.00	20
精神的圣徒 别样的人生——60位中国数学家成长的历程	2008—09	48.00	39
数学史概论	2009—06	78.00	50
数学史概论(精装)	2013—03	158.00	272
数学史选讲	2016—01	48.00	544
斐波那契数列	2010—02	28.00	65
数学拼盘和斐波那契魔方	2010—07	38.00	72
斐波那契数列欣赏(第2版)	2018—08	58.00	948
Fibonacci数列中的明珠	2018—06	58.00	928
数学的创造	2011—02	48.00	85
数学美与创造力	2016—01	48.00	595
数海拾贝	2016—01	48.00	590
数学中的美(第2版)	2019—04	68.00	1057
数论中的美学	2014—12	38.00	351

刘培杰数学工作室
已出版(即将出版)图书目录——初等数学

书　　名	出版时间	定　价	编号
数学王者　科学巨人——高斯	2015—01	28.00	428
振兴祖国数学的圆梦之旅:中国初等数学研究史话	2015—06	98.00	490
二十世纪中国数学史料研究	2015—10	48.00	536
数字谜、数阵图与棋盘覆盖	2016—01	58.00	298
时间的形状	2016—01	38.00	556
数学发现的艺术:数学探索中的合情推理	2016—07	58.00	671
活跃在数学中的参数	2016—07	48.00	675
数学解题——靠数学思想给力(上)	2011—07	38.00	131
数学解题——靠数学思想给力(中)	2011—07	48.00	132
数学解题——靠数学思想给力(下)	2011—07	38.00	133
我怎样解题	2013—01	48.00	227
数学解题中的物理方法	2011—06	28.00	114
数学解题的特殊方法	2011—06	48.00	115
中学数学计算技巧	2012—01	48.00	116
中学数学证明方法	2012—01	58.00	117
数学趣题巧解	2012—03	28.00	128
高中数学教学通鉴	2015—05	58.00	479
和高中生漫谈:数学与哲学的故事	2014—08	28.00	369
算术问题集	2017—03	38.00	789
张教授讲数学	2018—07	38.00	933
自主招生考试中的参数方程问题	2015—01	28.00	435
自主招生考试中的极坐标问题	2015—04	28.00	463
近年全国重点大学自主招生数学试题全解及研究.华约卷	2015—02	38.00	441
近年全国重点大学自主招生数学试题全解及研究.北约卷	2016—05	38.00	619
自主招生数学解证宝典	2015—09	48.00	535
格点和面积	2012—07	18.00	191
射影几何趣谈	2012—04	28.00	175
斯潘纳尔引理——从一道加拿大数学奥林匹克试题谈起	2014—01	28.00	228
李普希兹条件——从几道近年高考数学试题谈起	2012—10	18.00	221
拉格朗日中值定理——从一道北京高考试题的解法谈起	2015—10	18.00	197
闵科夫斯基定理——从一道清华大学自主招生试题谈起	2014—01	28.00	198
哈尔测度——从一道冬令营试题的背景谈起	2012—08	28.00	202
切比雪夫逼近问题——从一道中国台北数学奥林匹克试题谈起	2013—04	38.00	238
伯恩斯坦多项式与贝齐尔曲面——从一道全国高中数学联赛试题谈起	2013—03	38.00	236
卡塔兰猜想——从一道普特南竞赛试题谈起	2013—06	18.00	256
麦卡锡函数和阿克曼函数——从一道前南斯拉夫数学奥林匹克试题谈起	2012—08	18.00	201
贝蒂定理与拉姆贝克莫斯尔定理——从一个拣石子游戏谈起	2012—08	18.00	217
皮亚诺曲线和豪斯道夫分球定理——从无限集谈起	2012—08	18.00	211
平面凸图形与凸多面体	2012—10	28.00	218
斯坦因豪斯问题——从一道二十五省市自治区中学数学竞赛试题谈起	2012—07	18.00	196

刘培杰数学工作室
已出版(即将出版)图书目录——初等数学

书　　名	出版时间	定　价	编号
纽结理论中的亚历山大多项式与琼斯多项式——从一道北京市高一数学竞赛试题谈起	2012—07	28.00	195
原则与策略——从波利亚"解题表"谈起	2013—04	38.00	244
转化与化归——从三大尺规作图不能问题谈起	2012—08	28.00	214
代数几何中的贝祖定理(第一版)——从一道 IMO 试题的解法谈起	2013—08	18.00	193
成功连贯理论与约当块理论——从一道比利时数学竞赛试题谈起	2012—04	18.00	180
素数判定与大数分解	2014—08	18.00	199
置换多项式及其应用	2012—10	18.00	220
椭圆函数与模函数——从一道美国加州大学洛杉矶分校(UCLA)博士资格考题谈起	2012—10	28.00	219
差分方程的拉格朗日方法——从一道 2011 年全国高考理科试题的解法谈起	2012—08	28.00	200
力学在几何中的一些应用	2013—01	38.00	240
高斯散度定理、斯托克斯定理和平面格林定理——从一道国际大学生数学竞赛试题谈起	即将出版		
康托洛维奇不等式——从一道全国高中联赛试题谈起	2013—03	28.00	337
西格尔引理——从一道第 18 届 IMO 试题的解法谈起	即将出版		
罗斯定理——从一道前苏联数学竞赛试题谈起	即将出版		
拉克斯定理和阿廷定理——从一道 IMO 试题的解法谈起	2014—01	58.00	246
毕卡大定理——从一道美国大学数学竞赛试题谈起	2014—07	18.00	350
贝齐尔曲线——从一道全国高中联赛试题谈起	即将出版		
拉格朗日乘子定理——从一道 2005 年全国高中联赛试题的高等数学解法谈起	2015—05	28.00	480
雅可比定理——从一道日本数学奥林匹克试题谈起	2013—04	48.00	249
李天岩一约克定理——从一道波兰数学竞赛试题谈起	2014—06	28.00	349
整系数多项式因式分解的一般方法——从克朗耐克算法谈起	即将出版		
布劳维不动点定理——从一道前苏联数学奥林匹克试题谈起	2014—01	38.00	273
伯恩赛德定理——从一道英国数学奥林匹克试题谈起	即将出版		
布查特一莫斯特定理——从一道上海市初中竞赛试题谈起	即将出版		
数论中的同余数问题——从一道普特南竞赛试题谈起	即将出版		
范·德蒙行列式——从一道美国数学奥林匹克试题谈起	即将出版		
中国剩余定理:总数法构建中国历史年表	2015—01	28.00	430
牛顿程序与方程求根——从一道全国高考试题解法谈起	即将出版		
库默尔定理——从一道 IMO 预选试题谈起	即将出版		
卢丁定理——从一道冬令营试题的解法谈起	即将出版		
沃斯滕霍姆定理——从一道 IMO 预选试题谈起	即将出版		
卡尔松不等式——从一道莫斯科数学奥林匹克试题谈起	即将出版		
信息论中的香农熵——从一道近年高考压轴题谈起	即将出版		
约当不等式——从一道希望杯竞赛试题谈起	即将出版		
拉比诺维奇定理	即将出版		
刘维尔定理——从一道《美国数学月刊》征解问题的解法谈起	即将出版		
卡塔兰恒等式与级数求和——从一道 IMO 试题的解法谈起	即将出版		
勒让德猜想与素数分布——从一道爱尔兰竞赛试题谈起	即将出版		
天平称重与信息论——从一道基辅市数学奥林匹克试题谈起	即将出版		
哈密尔顿一凯莱定理:从一道高中数学联赛试题的解法谈起	2014—09	18.00	376
艾思特曼定理——从一道 CMO 试题的解法谈起	即将出版		

刘培杰数学工作室
已出版(即将出版)图书目录——初等数学

书　　名	出版时间	定　价	编号
阿贝尔恒等式与经典不等式及应用	2018－06	98.00	923
迪利克雷除数问题	2018－07	48.00	930
贝克码与编码理论——从一道全国高中联赛试题谈起	即将出版		
帕斯卡三角形	2014－03	18.00	294
蒲丰投针问题——从 2009 年清华大学的一道自主招生试题谈起	2014－01	38.00	295
斯图姆定理——从一道“华约”自主招生试题的解法谈起	2014－01	18.00	296
许瓦兹引理——从一道加利福尼亚大学伯克利分校数学系博士生试题谈起	2014－08	18.00	297
拉姆塞定理——从王诗宬院士的一个问题谈起	2016－04	48.00	299
坐标法	2013－12	28.00	332
数论三角形	2014－04	38.00	341
毕克定理	2014－07	18.00	352
数林掠影	2014－09	48.00	389
我们周围的概率	2014－10	38.00	390
凸函数最值定理:从一道华约自主招生题的解法谈起	2014－10	28.00	391
易学与数学奥林匹克	2014－10	38.00	392
生物数学趣谈	2015－01	18.00	409
反演	2015－01	28.00	420
因式分解与圆锥曲线	2015－01	18.00	426
轨迹	2015－01	28.00	427
面积原理:从常庚哲命的一道 CMO 试题的积分解法谈起	2015－01	48.00	431
形形色色的不动点定理:从一道 28 届 IMO 试题谈起	2015－01	38.00	439
柯西函数方程:从一道上海交大自主招生的试题谈起	2015－02	28.00	440
三角恒等式	2015－02	28.00	442
无理性判定:从一道 2014 年“北约”自主招生试题谈起	2015－01	38.00	443
数学归纳法	2015－03	18.00	451
极端原理与解题	2015－04	28.00	464
法雷级数	2014－08	18.00	367
摆线族	2015－01	38.00	438
函数方程及其解法	2015－05	38.00	470
含参数的方程和不等式	2012－09	28.00	213
希尔伯特第十问题	2016－01	38.00	543
无穷小量的求和	2016－01	28.00	545
切比雪夫多项式:从一道清华大学金秋营试题谈起	2016－01	38.00	583
泽肯多夫定理	2016－03	38.00	599
代数等式证题法	2016－01	28.00	600
三角等式证题法	2016－01	28.00	601
吴大任教授藏书中的一个因式分解公式:从一道美国数学邀请赛试题的解法谈起	2016－06	28.00	656
易卦——类万物的数学模型	2017－08	68.00	838
“不可思议”的数与数系可持续发展	2018－01	38.00	878
最短线	2018－01	38.00	879

书　　名	出版时间	定　价	编号
幻方和魔方(第一卷)	2012－05	68.00	173
尘封的经典——初等数学经典文献选读(第一卷)	2012－07	48.00	205
尘封的经典——初等数学经典文献选读(第二卷)	2012－07	38.00	206

书　　名	出版时间	定　价	编号
初级方程式论	2011－03	28.00	106
初等数学研究(Ⅰ)	2008－09	68.00	37
初等数学研究(Ⅱ)(上、下)	2009－05	118.00	46,47

刘培杰数学工作室

已出版(即将出版)图书目录——初等数学

书　名	出版时间	定　价	编号
趣味初等方程妙题集锦	2014－09	48.00	388
趣味初等数论选美与欣赏	2015－02	48.00	445
耕读笔记(上卷):一位农民数学爱好者的初数探索	2015－04	28.00	459
耕读笔记(中卷):一位农民数学爱好者的初数探索	2015－05	28.00	483
耕读笔记(下卷):一位农民数学爱好者的初数探索	2015－05	28.00	484
几何不等式研究与欣赏.上卷	2016－01	88.00	547
几何不等式研究与欣赏.下卷	2016－01	48.00	552
初等数列研究与欣赏·上	2016－01	48.00	570
初等数列研究与欣赏·下	2016－01	48.00	571
趣味初等函数研究与欣赏.上	2016－09	48.00	684
趣味初等函数研究与欣赏.下	2018－09	48.00	685
火柴游戏	2016－05	38.00	612
智力解谜.第1卷	2017－07	38.00	613
智力解谜.第2卷	2017－07	38.00	614
故事智力	2016－07	48.00	615
名人们喜欢的智力问题	即将出版		616
数学大师的发现、创造与失误	2018－01	48.00	617
异曲同工	2018－09	48.00	618
数学的味道	2018－01	58.00	798
数学千字文	2018－10	68.00	977
数贝偶拾——高考数学题研究	2014－04	28.00	274
数贝偶拾——初等数学研究	2014－04	38.00	275
数贝偶拾——奥数题研究	2014－04	48.00	276
钱昌本教你快乐学数学(上)	2011－12	48.00	155
钱昌本教你快乐学数学(下)	2012－03	58.00	171
集合、函数与方程	2014－01	28.00	300
数列与不等式	2014－01	38.00	301
三角与平面向量	2014－01	28.00	302
平面解析几何	2014－01	38.00	303
立体几何与组合	2014－01	28.00	304
极限与导数、数学归纳法	2014－01	38.00	305
趣味数学	2014－03	28.00	306
教材教法	2014－04	68.00	307
自主招生	2014－05	58.00	308
高考压轴题(上)	2015－01	48.00	309
高考压轴题(下)	2014－10	68.00	310
从费马到怀尔斯——费马大定理的历史	2013－10	198.00	Ⅰ
从庞加莱到佩雷尔曼——庞加莱猜想的历史	2013－10	298.00	Ⅱ
从切比雪夫到爱尔特希(上)——素数定理的初等证明	2013－07	48.00	Ⅲ
从切比雪夫到爱尔特希(下)——素数定理100年	2012－12	98.00	Ⅲ
从高斯到盖尔方特——二次域的高斯猜想	2013－10	198.00	Ⅳ
从库默尔到朗兰兹——朗兰兹猜想的历史	2014－01	98.00	Ⅴ
从比勃巴赫到德布朗斯——比勃巴赫猜想的历史	2014－02	298.00	Ⅵ
从麦比乌斯到陈省身——麦比乌斯变换与麦比乌斯带	2014－02	298.00	Ⅶ
从布尔到豪斯道夫——布尔方程与格论漫谈	2013－10	198.00	Ⅷ
从开普勒到阿诺德——三体问题的历史	2014－05	298.00	Ⅸ
从华林到华罗庚——华林问题的历史	2013－10	298.00	Ⅹ

刘培杰数学工作室
已出版(即将出版)图书目录——初等数学

书　　名	出版时间	定　价	编号
美国高中数学竞赛五十讲.第1卷(英文)	2014-08	28.00	357
美国高中数学竞赛五十讲.第2卷(英文)	2014-08	28.00	358
美国高中数学竞赛五十讲.第3卷(英文)	2014-09	28.00	359
美国高中数学竞赛五十讲.第4卷(英文)	2014-09	28.00	360
美国高中数学竞赛五十讲.第5卷(英文)	2014-10	28.00	361
美国高中数学竞赛五十讲.第6卷(英文)	2014-11	28.00	362
美国高中数学竞赛五十讲.第7卷(英文)	2014-12	28.00	363
美国高中数学竞赛五十讲.第8卷(英文)	2015-01	28.00	364
美国高中数学竞赛五十讲.第9卷(英文)	2015-01	28.00	365
美国高中数学竞赛五十讲.第10卷(英文)	2015-02	38.00	366

书　　名	出版时间	定　价	编号
三角函数(第2版)	2017-04	38.00	626
不等式	2014-01	38.00	312
数列	2014-01	38.00	313
方程(第2版)	2017-04	38.00	624
排列和组合	2014-01	28.00	315
极限与导数(第2版)	2016-04	38.00	635
向量(第2版)	2018-08	58.00	627
复数及其应用	2014-08	28.00	318
函数	2014-01	38.00	319
集合	即将出版		320
直线与平面	2014-01	28.00	321
立体几何(第2版)	2016-04	38.00	629
解三角形	即将出版		323
直线与圆(第2版)	2016-11	38.00	631
圆锥曲线(第2版)	2016-09	48.00	632
解题通法(一)	2014-07	38.00	326
解题通法(二)	2014-07	38.00	327
解题通法(三)	2014-05	38.00	328
概率与统计	2014-01	28.00	329
信息迁移与算法	即将出版		330

书　　名	出版时间	定　价	编号
IMO 50年.第1卷(1959-1963)	2014-11	28.00	377
IMO 50年.第2卷(1964-1968)	2014-11	28.00	378
IMO 50年.第3卷(1969-1973)	2014-09	28.00	379
IMO 50年.第4卷(1974-1978)	2016-04	38.00	380
IMO 50年.第5卷(1979-1984)	2015-04	38.00	381
IMO 50年.第6卷(1985-1989)	2015-04	58.00	382
IMO 50年.第7卷(1990-1994)	2016-01	48.00	383
IMO 50年.第8卷(1995-1999)	2016-06	38.00	384
IMO 50年.第9卷(2000-2004)	2015-04	58.00	385
IMO 50年.第10卷(2005-2009)	2016-01	48.00	386
IMO 50年.第11卷(2010-2015)	2017-03	48.00	646

刘培杰数学工作室
已出版(即将出版)图书目录——初等数学

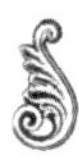

书　　名	出版时间	定　价	编号
数学反思(2006—2007)	即将出版		915
数学反思(2008—2009)	2019—01	68.00	917
数学反思(2010—2011)	2018—05	58.00	916
数学反思(2012—2013)	2019—01	58.00	918
数学反思(2014—2015)	2019—03	78.00	919
历届美国大学生数学竞赛试题集.第一卷(1938—1949)	2015—01	28.00	397
历届美国大学生数学竞赛试题集.第二卷(1950—1959)	2015—01	28.00	398
历届美国大学生数学竞赛试题集.第三卷(1960—1969)	2015—01	28.00	399
历届美国大学生数学竞赛试题集.第四卷(1970—1979)	2015—01	18.00	400
历届美国大学生数学竞赛试题集.第五卷(1980—1989)	2015—01	28.00	401
历届美国大学生数学竞赛试题集.第六卷(1990—1999)	2015—01	28.00	402
历届美国大学生数学竞赛试题集.第七卷(2000—2009)	2015—08	18.00	403
历届美国大学生数学竞赛试题集.第八卷(2010—2012)	2015—01	18.00	404
新课标高考数学创新题解题诀窍:总论	2014—09	28.00	372
新课标高考数学创新题解题诀窍:必修1～5分册	2014—08	38.00	373
新课标高考数学创新题解题诀窍:选修2—1,2—2,1—1,1—2分册	2014—09	38.00	374
新课标高考数学创新题解题诀窍:选修2—3,4—4,4—5分册	2014—09	18.00	375
全国重点大学自主招生英文数学试题全攻略:词汇卷	2015—07	48.00	410
全国重点大学自主招生英文数学试题全攻略:概念卷	2015—01	28.00	411
全国重点大学自主招生英文数学试题全攻略:文章选读卷(上)	2016—09	38.00	412
全国重点大学自主招生英文数学试题全攻略:文章选读卷(下)	2017—01	58.00	413
全国重点大学自主招生英文数学试题全攻略:试题卷	2015—07	38.00	414
全国重点大学自主招生英文数学试题全攻略:名著欣赏卷	2017—03	48.00	415
劳埃德数学趣题大全.题目卷.1:英文	2016—01	18.00	516
劳埃德数学趣题大全.题目卷.2:英文	2016—01	18.00	517
劳埃德数学趣题大全.题目卷.3:英文	2016—01	18.00	518
劳埃德数学趣题大全.题目卷.4:英文	2016—01	18.00	519
劳埃德数学趣题大全.题目卷.5:英文	2016—01	18.00	520
劳埃德数学趣题大全.答案卷:英文	2016—01	18.00	521
李成章教练奥数笔记.第1卷	2016—01	48.00	522
李成章教练奥数笔记.第2卷	2016—01	48.00	523
李成章教练奥数笔记.第3卷	2016—01	38.00	524
李成章教练奥数笔记.第4卷	2016—01	38.00	525
李成章教练奥数笔记.第5卷	2016—01	38.00	526
李成章教练奥数笔记.第6卷	2016—01	38.00	527
李成章教练奥数笔记.第7卷	2016—01	38.00	528
李成章教练奥数笔记.第8卷	2016—01	48.00	529
李成章教练奥数笔记.第9卷	2016—01	28.00	530

刘培杰数学工作室
已出版(即将出版)图书目录——初等数学

书　　名	出版时间	定　价	编号
第19～23届"希望杯"全国数学邀请赛试题审题要津详细评注(初一版)	2014－03	28.00	333
第19～23届"希望杯"全国数学邀请赛试题审题要津详细评注(初二、初三版)	2014－03	38.00	334
第19～23届"希望杯"全国数学邀请赛试题审题要津详细评注(高一版)	2014－03	28.00	335
第19～23届"希望杯"全国数学邀请赛试题审题要津详细评注(高二版)	2014－03	38.00	336
第19～25届"希望杯"全国数学邀请赛试题审题要津详细评注(初一版)	2015－01	38.00	416
第19～25届"希望杯"全国数学邀请赛试题审题要津详细评注(初二、初三版)	2015－01	58.00	417
第19～25届"希望杯"全国数学邀请赛试题审题要津详细评注(高一版)	2015－01	48.00	418
第19～25届"希望杯"全国数学邀请赛试题审题要津详细评注(高二版)	2015－01	48.00	419
物理奥林匹克竞赛大题典——力学卷	2014－11	48.00	405
物理奥林匹克竞赛大题典——热学卷	2014－04	28.00	339
物理奥林匹克竞赛大题典——电磁学卷	2015－07	48.00	406
物理奥林匹克竞赛大题典——光学与近代物理卷	2014－06	28.00	345
历届中国东南地区数学奥林匹克试题集(2004～2012)	2014－06	18.00	346
历届中国西部地区数学奥林匹克试题集(2001～2012)	2014－07	18.00	347
历届中国女子数学奥林匹克试题集(2002～2012)	2014－08	18.00	348
数学奥林匹克在中国	2014－06	98.00	344
数学奥林匹克问题集	2014－01	38.00	267
数学奥林匹克不等式散论	2010－06	38.00	124
数学奥林匹克不等式欣赏	2011－09	38.00	138
数学奥林匹克超级题库(初中卷上)	2010－01	58.00	66
数学奥林匹克不等式证明方法和技巧(上、下)	2011－08	158.00	134,135
他们学什么:原民主德国中学数学课本	2016－09	38.00	658
他们学什么:英国中学数学课本	2016－09	38.00	659
他们学什么:法国中学数学课本.1	2016－09	38.00	660
他们学什么:法国中学数学课本.2	2016－09	28.00	661
他们学什么:法国中学数学课本.3	2016－09	38.00	662
他们学什么:苏联中学数学课本	2016－09	28.00	679
高中数学题典——集合与简易逻辑・函数	2016－07	48.00	647
高中数学题典——导数	2016－07	48.00	648
高中数学题典——三角函数・平面向量	2016－07	48.00	649
高中数学题典——数列	2016－07	58.00	650
高中数学题典——不等式・推理与证明	2016－07	38.00	651
高中数学题典——立体几何	2016－07	48.00	652
高中数学题典——平面解析几何	2016－07	78.00	653
高中数学题典——计数原理・统计・概率・复数	2016－07	48.00	654
高中数学题典——算法・平面几何・初等数论・组合数学・其他	2016－07	68.00	655

刘培杰数学工作室
已出版(即将出版)图书目录——初等数学

书　　名	出版时间	定　价	编号
台湾地区奥林匹克数学竞赛试题.小学一年级	2017－03	38.00	722
台湾地区奥林匹克数学竞赛试题.小学二年级	2017－03	38.00	723
台湾地区奥林匹克数学竞赛试题.小学三年级	2017－03	38.00	724
台湾地区奥林匹克数学竞赛试题.小学四年级	2017－03	38.00	725
台湾地区奥林匹克数学竞赛试题.小学五年级	2017－03	38.00	726
台湾地区奥林匹克数学竞赛试题.小学六年级	2017－03	38.00	727
台湾地区奥林匹克数学竞赛试题.初中一年级	2017－03	38.00	728
台湾地区奥林匹克数学竞赛试题.初中二年级	2017－03	38.00	729
台湾地区奥林匹克数学竞赛试题.初中三年级	2017－03	28.00	730

书　　名	出版时间	定　价	编号
不等式证题法	2017－04	28.00	747
平面几何培优教程	即将出版		748
奥数鼎级培优教程.高一分册	2018－09	88.00	749
奥数鼎级培优教程.高二分册.上	2018－04	68.00	750
奥数鼎级培优教程.高二分册.下	2018－04	68.00	751
高中数学竞赛冲刺宝典	2019－04	68.00	883

书　　名	出版时间	定　价	编号
初中尖子生数学超级题典.实数	2017－07	58.00	792
初中尖子生数学超级题典.式、方程与不等式	2017－08	58.00	793
初中尖子生数学超级题典.圆、面积	2017－08	38.00	794
初中尖子生数学超级题典.函数、逻辑推理	2017－08	48.00	795
初中尖子生数学超级题典.角、线段、三角形与多边形	2017－07	58.00	796

书　　名	出版时间	定　价	编号
数学王子——高斯	2018－01	48.00	858
坎坷奇星——阿贝尔	2018－01	48.00	859
闪烁奇星——伽罗瓦	2018－01	58.00	860
无穷统帅——康托尔	2018－01	48.00	861
科学公主——柯瓦列夫斯卡娅	2018－01	48.00	862
抽象代数之母——埃米·诺特	2018－01	48.00	863
电脑先驱——图灵	2018－01	58.00	864
昔日神童——维纳	2018－01	48.00	865
数坛怪侠——爱尔特希	2018－01	68.00	866

书　　名	出版时间	定　价	编号
当代世界中的数学.数学思想与数学基础	2019－01	38.00	892
当代世界中的数学.数学问题	2019－01	38.00	893
当代世界中的数学.应用数学与数学应用	2019－01	38.00	894
当代世界中的数学.数学王国的新疆域(一)	2019－01	38.00	895
当代世界中的数学.数学王国的新疆域(二)	2019－01	38.00	896
当代世界中的数学.数林撷英(一)	2019－01	38.00	897
当代世界中的数学.数林撷英(二)	2019－01	48.00	898
当代世界中的数学.数学之路	2019－01	38.00	899

刘培杰数学工作室
已出版(即将出版)图书目录——初等数学

书　　名	出版时间	定　价	编号
105 个代数问题:来自 AwesomeMath 夏季课程	2019－02	58.00	956
106 个几何问题:来自 AwesomeMath 夏季课程	即将出版		957
107 个几何问题:来自 AwesomeMath 全年课程	即将出版		958
108 个代数问题:来自 AwesomeMath 全年课程	2019－01	68.00	959
109 个不等式:来自 AwesomeMath 夏季课程	2019－04	58.00	960
国际数学奥林匹克中的 110 个几何问题	即将出版		961
111 个代数和数论问题	2019－05	58.00	962
112 个组合问题:来自 AwesomeMath 夏季课程	2019－05	58.00	963
113 个几何不等式:来自 AwesomeMath 夏季课程	即将出版		964
114 个指数和对数问题:来自 AwesomeMath 夏季课程	即将出版		965
115 个三角问题:来自 AwesomeMath 夏季课程	即将出版		966
116 个代数不等式:来自 AwesomeMath 全年课程	2019－04	58.00	967
紫色慧星国际数学竞赛试题	2019－02	58.00	999
澳大利亚中学数学竞赛试题及解答(初级卷)1978～1984	2019－02	28.00	1002
澳大利亚中学数学竞赛试题及解答(初级卷)1985～1991	2019－02	28.00	1003
澳大利亚中学数学竞赛试题及解答(初级卷)1992～1998	2019－02	28.00	1004
澳大利亚中学数学竞赛试题及解答(初级卷)1999～2005	2019－02	28.00	1005
澳大利亚中学数学竞赛试题及解答(中级卷)1978～1984	2019－03	28.00	1006
澳大利亚中学数学竞赛试题及解答(中级卷)1985～1991	2019－03	28.00	1007
澳大利亚中学数学竞赛试题及解答(中级卷)1992～1998	2019－03	28.00	1008
澳大利亚中学数学竞赛试题及解答(中级卷)1999～2005	2019－03	28.00	1009
澳大利亚中学数学竞赛试题及解答(高级卷)1978～1984	即将出版		1010
澳大利亚中学数学竞赛试题及解答(高级卷)1985～1991	即将出版		1011
澳大利亚中学数学竞赛试题及解答(高级卷)1992～1998	即将出版		1012
澳大利亚中学数学竞赛试题及解答(高级卷)1999～2005	即将出版		1013
天才中小学生智力测验题.第一卷	2019－03	38.00	1026
天才中小学生智力测验题.第二卷	2019－03	38.00	1027
天才中小学生智力测验题.第三卷	2019－03	38.00	1028
天才中小学生智力测验题.第四卷	2019－03	38.00	1029
天才中小学生智力测验题.第五卷	2019－03	38.00	1030
天才中小学生智力测验题.第六卷	2019－03	38.00	1031
天才中小学生智力测验题.第七卷	2019－03	38.00	1032
天才中小学生智力测验题.第八卷	2019－03	38.00	1033
天才中小学生智力测验题.第九卷	2019－03	38.00	1034
天才中小学生智力测验题.第十卷	2019－03	38.00	1035
天才中小学生智力测验题.第十一卷	2019－03	38.00	1036
天才中小学生智力测验题.第十二卷	2019－03	38.00	1037
天才中小学生智力测验题.第十三卷	2019－03	38.00	1038

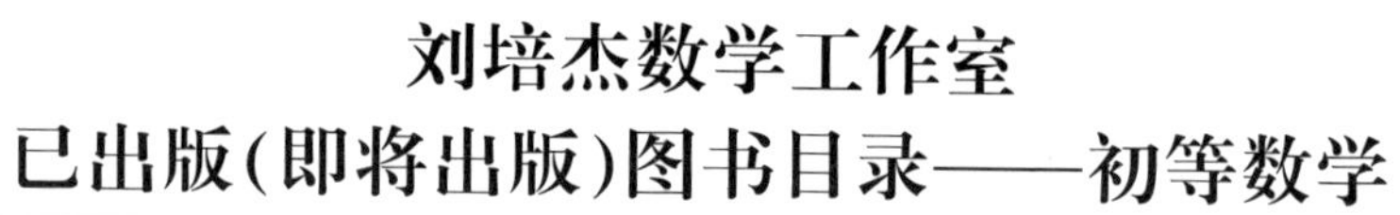

刘培杰数学工作室
已出版(即将出版)图书目录——初等数学

书　　名	出版时间	定　价	编号
重点大学自主招生数学备考全书:函数	即将出版		1047
重点大学自主招生数学备考全书:导数	即将出版		1048
重点大学自主招生数学备考全书:数列与不等式	即将出版		1049
重点大学自主招生数学备考全书:三角函数与平面向量	即将出版		1050
重点大学自主招生数学备考全书:平面解析几何	即将出版		1051
重点大学自主招生数学备考全书:立体几何与平面几何	即将出版		1052
重点大学自主招生数学备考全书:排列组合.概率统计.复数	即将出版		1053
重点大学自主招生数学备考全书:初等数论与组合数学	即将出版		1054
重点大学自主招生数学备考全书:重点大学自主招生真题.上	2019－04	68.00	1055
重点大学自主招生数学备考全书:重点大学自主招生真题.下	2019－04	58.00	1056

联系地址:哈尔滨市南岗区复华四道街10号　哈尔滨工业大学出版社刘培杰数学工作室

网　　址:http://lpj.hit.edu.cn/

邮　　编:150006

联系电话:0451－86281378　　13904613167

E-mail:lpj1378@163.com